航拍视觉

——无人机拍摄简明教程

于 嵩○编著

北京师范大学出版集团
BEIJING NORMAL UNIVERSITY PUBLISHING GROUP
安徽大学出版社

图书在版编目(CIP)数据

航拍视觉:无人机拍摄简明教程/于嵩编著. —合肥 : 安徽大学出版社,2020.10
(2021.7重印)
ISBN 978 - 7 - 5664 - 2117 - 3

Ⅰ. ①航… Ⅱ. ①于… Ⅲ. ①无人驾驶飞机－航空摄影－老年大学－教材
Ⅳ. ①TB869

中国版本图书馆 CIP 数据核字(2020)第 191491 号

航 拍 视 觉 —— 无 人 机 拍 摄 简 明 教 程

Hangpai Shijue —— Wurenji Paishe Jianming Jiaocheng

于嵩 编著

出版发行:	北京师范大学出版集团
	安 徽 大 学 出 版 社
	(安徽省合肥市肥西路 3 号邮编 230039)
	www.bnupg.com.cn
	www.ahupress.com.cn
印　刷:	合肥远东印务有限责任公司
经　销:	全国新华书店
开　本:	184mm×260mm
印　张:	9.75
字　数:	159 千字
版　次:	2020 年 10 月第 1 版
印　次:	2021 年 7 月第 2 次印刷
定　价:	48.00 元
ISBN	978 - 7 - 5664 - 2117 - 3

策划编辑:马晓波　李　晴　　　　　　　　装帧设计:金伶智　孟献辉
责任编辑:马晓波　李　晴　　　　　　　　美术编辑:李　军
责任校对:刘婷婷　　　　　　　　　　　　责任印制:陈　如　孟献辉

高瞻远瞩　放飞梦想

2020 年是"十三五"的收官之年，全面贯彻落实《老年教育发展规划（2016—2020 年）》提出的要求具有历史和现实双重意义。我校教师于嵩编著的《航拍视觉——无人机拍摄简明教程》此时由安徽大学出版社出版，可喜可贺！

《老年教育发展规划（2016—2020 年）》指出："研究制定老年人学习发展指南，为不同年龄层次的老年人提供包括学习规划在内的咨询服务。探索建立老年教育通用课程教学大纲，促进资源建设规范化、多样化。遴选、开发一批通用型老年学习资源，整合一批优秀传统文化、非物质文化遗产、地方特色老年教育资源，推介一批科普知识和健康知识学习资源，引进一批国外优质学习资源，形成系列优质课程推荐目录。"因地制宜推进区域性老年教育的发展，教材建设是许多老年大学办学的难点之一，我校也同样如此。近年来，我校为提升教师学养、教学质量、为课堂教学提供教材支撑，积极扶持校本教材的开发应用。经过学校教务管理部门与教师的共同努力，我校目前已编印 18 部校本教材在校内使用，其中有 6 部出版，在中国老年大学协会举办的连续两届"全国优秀教材"评选中，这6部教材全部上榜，在安徽省老年教育系统中名列前茅，受到全国老年教育界的关注和好评。

于嵩同志勤奋好学、注重积累、知识面广、执行力强，他独具匠心的实践展示课堂教学方法，受到广大学员的一致好评。《航拍视觉——无人机拍摄简明教程》是于嵩从事老年教育5年多来教学成果的结晶。航拍是近年兴起的新技术、新产业和新时尚，随着科学技术的快速发展和无人机产品的升级换代，航拍的发展空间会越来越大，知识更新的频率也会越来越快，面对日新月异的数字世界，《航拍视觉——无人机拍摄简明教程》中难免会存在某些不足，期待老年教育界同仁和广大读者提出宝贵意见，帮助我们和于嵩在教材再版时修改提高。

是为序。

科技的进步一直是摄影发展的推动力，航拍无人机就像会飞的相机，将人们的摄影视角延伸到了天空。

爱好摄影的中老年朋友虽然对航拍无人机这样的高科技产品很向往，既担心自己无法掌握新技术，又担心其使用的安全性。还有很多爱好者，虽然想用无人机进行航拍，但总是不得其法，不是飞行操作上屡屡出现问题，就是没有拍摄到自己想要的画面，又或者是拍了一堆的素材无法处理成作品。

为了帮助喜欢摄影和旅行的朋友学会购买和使用小型航拍无人机，指导他们正确使用航拍设备，掌握航拍技巧，获得科技所带来的拍摄新体验，更好地在摄影创作中表现壮美山川、现代都市、团体表演等题材，笔者撰写了本书。

本书以大疆DJI民用消费级航拍无人机为主要使用设备，以其飞行安全知识、飞行基础理论、实际拍摄相关参数、静态照片和动态视频的拍摄技巧，以及照片和视频的后期制作为主要内容。通过"飞行—拍摄—制作"循序渐进的讲解让学员在航拍摄影领域的能力得到提升，使中老年朋友在摄影的同时，享受到科技带来的快乐。

目录
CONTENTS

第一章

认识无人机

第一节 无人机概述

一、无人机的概念及发展

无人机是无人驾驶飞机的简称，是利用无线电遥控设备和自备的程序控制装置操纵的不载人飞行器。无人机最初用于军事领域，后来逐渐被推广运用到了其他领域，如救援、巡检、测绘、植保等。近年来随着科学技术的发展，无人机产业成为迅速发展的新领域，由一开始航模爱好者自己组装发展到现在专业公司开发研制生产，尤其是小型无人机，在民用领域得到了广泛的使用。

图 1-1 军事用途的无人机   图 1-2 农业植保用途的无人机

二、无人机的种类

无人机有单旋翼带尾桨的直升机，有四轴或八轴多旋翼飞行器，还有固定翼动力装置的飞行器。目前市场上最常见的无人机基本都属于四轴多旋翼小型飞行器，由四个螺旋桨直连电机获得动力，可以自由地实现空中升降、移动和悬停，机械性能好，灵活性高。

根据产品定位的不同，无人机可以分为消费级无人机和工业级无人机。消费级无人机注重用户体验，如功能多样性、操作便利性等，便携式航拍无人机是其最常见的形式。工业级无人机则以满足作业任务为目标，根据不同用途在续航时间、载重量和作业半径等性能方面有更高要求。

图 1-3　单旋翼直升机

图 1-4　多旋翼飞行器

图 1-5　固定翼飞行器

　　国内和国际上有很多生产四轴飞行器的公司，目前中国的大疆创新科技有限公司（以下简称大疆）在世界范围内研发技术领先，拥有不同使用领域不同型号的无人机。

图 1-6　大疆创新科技有限公司 Logo

三、什么是航拍无人机

　　航拍无人机是搭载摄影摄像设备的一体化小型飞行器。其配置了无线遥控系统，可以方便操控、自由飞行，尤其是集成了较强性能和较高画质的相机，拥有接近于单反相机和准专业摄像机的拍摄功能，相当于一台会飞的可控制的数码相机。如今航拍无人机已经在城市拍摄、体育报道、旅行记录、婚礼现场上成为主流配置。

图 1-7　体育场馆拍摄

图 1-8　旅行风景记录

四、大疆无人机常见机型

1. 大疆"精灵"（Phantom）系列

"精灵"是大疆最为传统的民用级航拍无人机，已经发展到第四代Phantom 4 Pro V2.0（以下简称大疆精灵4 Pro）版本，具有1英寸相机成像传感器、机械快门，可拍摄C4K/60fps分辨率的视频和2000万像素的DNG数据格式照片。飞控方面遥控双频信号达到了7公里，拥有1080p清晰流畅抗干扰的图传技术，GPS/GLONASS双模卫星定位，全方位视觉避障系统，可以保障飞行器的精准定位和安全飞行，飞速稳定，动力强劲。

2. 大疆"御"（Mavic）系列

"御"是大疆最为畅销的航拍无人机系列，尤其是第二代Mavic 2，采用了哈苏镜头和1英寸成像传感器，拥有最高4K/30fps的视频分辨率和2000万像素DNG数据格式照片的拍摄能力，增加了智能飞行和丰富的拍摄模式，遥控器使用了OcuSync2.0高清图传技术。其体积小，非常轻便，且不需要拆装螺旋桨，可以折叠收纳，非常适合外出携带，不足的是稳定性和抗风能力稍弱。

图1-9　大疆精灵Phantom 4 Pro V2.0无人机　　　图1-10　大疆"御"Mavic 2无人机

"御"系列中还有两款更小的机型——Mavic Air和Mavic Mini。"御"Mavic Air 2采用三维折叠设计，体积小，价格适中，具有1/2英寸成像传感器，可以拍摄4K/60fps分辨率的视频和4800万像素DNG数据格式照片，能满足普通摄影爱好者拍摄视频和照片的需求，移动端分享方便。缺点是相机光圈固定为f/2.8，不利于曝光参数调节。

"御"Mavic Mini可谓目前最轻型的航拍无人机,仅有249克,外形更像一台微缩版的"御"Mavic 2,很方便用来拍摄照片及视频。其留空时间和飞行空间等都优于其他轻型无人机,飞行安全性极大提高,关键价格亲民,适合旅行时随身轻松携带。但对于摄影爱好者来说,"御"Mavic Mini成像元件面积小、不能拍摄DNG数据格式的照片和4K视频可能是缺点。

图1-11 大疆"御"Mavic Air 2无人机

图1-12 大疆"御"Mavic Mini无人机

3. 大疆"晓"(Spark)系列

"晓"系列是大疆上一代轻型无人机的代表,操控非常方便,支持1080p视频拍摄,一键短片功能可以快速做剪辑分享,还能从手掌中起飞降落,适合日常近距离拍摄。

图1-13 大疆"晓"Spark无人机

4. 大疆"悟"(Inspire)系列

"悟"系列是大疆为对影视拍摄有高端需求的用户提供的专业级无人机,是一款可变形无人航拍飞行器。"悟"Inspire 2可以采用双遥控器、360°云台相机,除了具有强大的飞行控制系统,还可通过快拆接口支持多款相机接入,支持多种视频格式,支持10张以上照片连拍、6K视频拍摄、单张

图1-14 大疆"悟"Inspire 2无人机

2400万像素每秒20帧的DNG无限连拍,相当于带了一台APS画幅的单反的飞行器。但其体积大,价格昂贵,操控复杂。

第二节　航拍无人机的购买

航拍无人机的类型很多，用途不同，价格也相差很多，要根据自己的需要进行选择。摄影爱好者购买消费级无人机就可以了，购买时主要考虑用途、价格、安全性和便携性。

一、购买机型推荐

无使用经验、只想进行娱乐性拍摄、希望简单易上手、今后没有升级需求的新手，可以考率轻型航拍无人机，如大疆"晓"Spark、"御"Mavic Air 2 和 Mavic Mini，大概三四千元就可以买到。

专业摄影师、摄像师或摄影爱好者，需要通过航拍来获得不同视角的影视作品，可以选择大疆精灵 4 Pro、"御"Mavic 2。这两种机型摄影的效果基本一样，前者趋向于飞行拍摄与稳定性，后者趋向于携带的便捷性。两者整套配置价格都在万元以上。

如果对影像质量有很高要求，或是用来拍摄商业影视作品，有资金和团队支持拍摄工作，大疆"悟"Inspire 加专业航拍相机就是最佳选择。

图 1-15　大疆精灵 4 Pro 飞行拍摄

图 1-16　大疆"御"Mavic 2 飞行拍摄

二、购买附件配置

在购买航拍无人机时，一般提供的是官方标配包装，有的不含图像显示屏，有的不含出行背包，有的不包括内存卡，有的只有一块电池。所以在购买时一定要查看清楚套装里含有的物品清单，套装里没有但自己又需要的附件，需要另外购买。比如大疆"御"Mavic 2，在购买标准套装时可以再购买一个全能配件包，增加飞行器电池数量以及电池管家等配件。

1. 显示器

可使用手机或平板电脑作为操作显示器，接受图传信号，调整飞行和拍摄参数。官方也有一体式遥控器配备，自带 1080p 显示屏，比标配遥控器价格贵购买时要问清是哪种类型的遥控器。一体式遥控器的优点是图像信号稳定，亮度高，续航时间长，自带App方便随时直播、编辑和分享航拍视频，缺点是收纳空间稍大。

图 1-17　平板电脑和手机

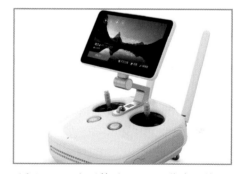

图 1-18　大疆精灵 4 Pro 一体式遥控器

2. 电池和电池管家

电池是航拍器重要的配件，标配只有一块，实际飞行时间不超过 30 分钟，对于拍摄来说是不够用的，所以需要另购 1~3 块交替使用。电池数量增加，就需要充电器能够保证及时充电。标配充电器只有单头快充，一次只能充一块电池，购买电池管家可以解决这个问题。电池管家可以同时插入 3 块电池，一块充满自动充第二块，无需人工更换。

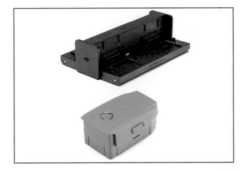

图 1-19 大疆精灵 4 Pro 电池、电池管家　　图 1-20 大疆 "御" Mavic 2 电池、电池管家

3.存储卡和读卡器

目前大疆部分"御"型号机内自带 8G 内存,其他型号提供 16G 可插拔扩展存储卡。如果需要多天多次拍摄或者拍摄高清视频素材,就不一定够了,而且仅使用一张卡也不保险,建议再自行购买一张 Micro SD 卡,飞行器最大支持 128G 容量。

因 Micro SD 卡并不是摄影常用存储卡,所以需要购买有 Micro SD 插槽的读卡器,或者购买 SD 卡套读取数据。还可以购买多功能 U 盘式读卡器。这样,既可以在电脑上读取数据,也可以在移动端读取照片从而快速分享。

图 1-21 Micro SD 卡、卡套　　　　　　图 1-22 多功能读卡器

4.背包

携带无人机出门需要方便、省力、安全、防潮、防震,能承受外力,尽可能容纳所有所需附件,一个合适的包必不可少。大疆官方网站上有配套的背包,也可以通过其他渠道选择适合放置无人机的各类收纳包和背包。

图 1-23 大疆"御"Mavic 2 全能配件包

图 1-24 大疆精灵 4 Pro 背包

5. 其他附件

还有一些非必备装置,如螺旋桨保护装置、ND 减光镜、无人机停机坪、挂绳等,可根据个人需求购买。

图 1-25 螺旋桨保护架　　图 1-26 ND 减光镜　　图 1-27 无人机停机坪　　图 1-28 挂绳

三、DJI Care 与换新计划

无人机在空中飞行,操作失误、天气不好、信号差等都会造成其碰撞、跌落乃至损坏。对于新手来说失误率更高。无人机损坏后维修费用很高,有时甚至无法修复。为此,大疆推出了全方位服务计划 DJI Care 系列产品,相当于在新机购买时,同时再购买一份无人机的保险。无论是老旧耗损,还是意外故障,大疆都提供低价置换、延保、维修费用减免等服务,为 DJI 无人机产品用户提供使用无忧保障。DJI Care 为人为或意外造成的机身或相机云台损坏提供高额维修保障,并提供第三者责任险。购买后一年内享受两次意外置换服务,无惧进水、碰撞等意外,让飞行变得安心。

需要注意的是，DJI Care随心换产品以及延保服务只可购买一次。也就是说，一台无人机在使用完随心换保险以及延保保险后，就不可以再续保了。

图 1-29　大疆 DJI Care 产品

第二章

无人机飞行及控制

第一节　熟悉航拍无人机

一、飞行器

飞行器是航拍无人机的主体部分，承担着定位、飞行和拍摄任务，它的正确使用和维护是航拍成功的保证。

1.螺旋桨

螺旋桨是为航拍无人机提供动力的装置，螺旋桨的转速和方向帮助无人机完成升降、进退、转动等动作。四轴飞行器中，需要两对螺旋桨，相邻两个螺旋桨形状不同，对角两个相同。螺旋桨是飞行器上的易耗品，使用过程中要经常检查桨叶，一旦发现桨叶有损坏，就要及时更换，否则易造成飞行状态不稳定，影响飞行安全。

首次使用飞行器需要按说明书正确安装桨叶，桨叶是直接安装在电机上面的。要注意的是，桨叶和电机有正反之分，电机上有白圈标记的要对应安装有白圈标记的桨叶，黑圈桨叶安装在黑圈电机上，同色为对角安装。因桨叶是按压旋转卡紧的，所以务必安装到位锁紧，不能有松动。四个螺旋桨中任意一个桨叶安装不到位，都会在飞行过程中发生意外造成飞行器损坏。

图 2-1　大疆精灵 4 Pro 桨叶

图 2-2　大疆精灵 4 Pro 桨叶对角安装

图 2-3　大疆"御"Mavic 2 桨叶安装

飞行结束后，在折叠收起螺旋桨过程中，需要拆卸桨叶。按压中间桨帽到底，沿螺旋桨所示的锁紧方向反向旋转桨叶，即可拧出拆卸。不要强行硬掰，以防损坏桨叶。安装过程中要注意不能混用不同型号的桨叶，拆卸时要防止电机发烫伤手，可以冷却数分钟后再操作。

2. 相机镜头

航拍无人机分解开就是飞行器加相机，理论上可以搭载任何相机，但是因为要在空中飞行拍摄，所以需要重量轻、能实时看到画面并且能遥控的相机。

大疆精灵 4 Pro 和"御"Mavic 2 都安装了一体化云台相机，加大了 CMOS 成像元件面积，达到 1 英寸（13.2×8.8mm），有效像素达到了 2000 万（5472×3648），这意味着照片画质有很大提升，相当于一台高级的卡片机。最关键的是可以拍摄 DNG 数据格式的照片，这对于摄影爱好者来说照片增加了后期调整的余地，有利于出更好的作品。

此外，一体化云台相机带有等效焦距 28 毫米的定焦镜头，光圈可在 f/2.8~f/11 范围内调节，最高感光度 ISO 可以达到 12800，快门速度 8~1/8000 秒，实现最高 5 张照片连拍，0.7EV 步长的自动包围曝光（AEB），视频分辨率最高达 4K/60fps（3840×2160）。

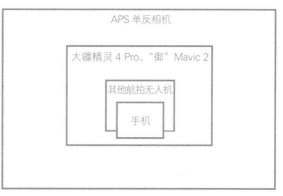

图 2-4　感光成像元件面积比较

3. 云台

云台是保持镜头稳定、调节拍摄角度的高度集成化装置，也是无刷马达将相机固定在三个轴径上的基座。当无人机在空中飞行时，机身会因为螺旋桨转动或风力而晃动，无人机云台可以通过内部系统感知机身晃动的方向和幅度，不断地对这种误差进行修正，从而保持镜头画面的相对稳定，使拍摄清晰，也可以保证无人机在飞行中拍摄出流畅的视频画面。云台可以进行上下俯仰调节，再加上通过机身旋转可以进行左右调节，这样就可以自由地选择和调整拍摄角度了。

图 2-5 大疆精灵 4 Pro 云台位置

图 2-6 大疆"御"Mavic 2 云台位置

目前除大疆"悟"以外，大疆其他型号航拍无人机云台俯仰角范围都在 -90°～ +30°，即垂直向下和水平略向上。在通电的情况下，既可以通过遥控器左侧云台俯仰拨轮调整，也可以通过 DJI GO 4 App（以下简称飞行 App）飞行界面来调整，并可以看到调整角度显示。

大疆"御"Mavic 2 可以实现左右最大各 75°的调整幅度，在飞行 App 界面长按屏幕，直至出现蓝色光圈，拖动光圈即可控制云台左右角度。

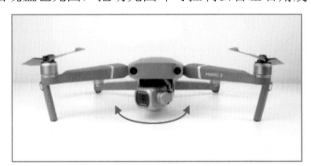

图 2-7 大疆"御"Mavic 2 镜头左右可调

云台是非常精密易损的部件，在通电操控时，不要碰撞强扭，用完之后要及时安装云台锁扣和保护罩，防止进灰或无意触碰，造成云台性能下降或活动受阻。

4. 视觉避障系统

飞行器视觉避障系统类似于车辆影像雷达，通过视觉图像测距感知障碍物，以及获取飞行器位置信息，保障飞行器精确定位和安全飞行。大疆"精灵"4 Pro 和"御" Mavic 2 都配备有前后、下视视觉系统、左右红外感知系统或视觉系统、顶部和底部红外传感系统，可以为飞行带来全方位的保护。

在实际飞行中，如果避障系统侦测到飞行器前方离障碍物距离过近，就会在

App上报警提醒注意。如果此时操作者没有及时悬停，系统会自动减慢飞行速度，直至刹车，停止该方向运动。虽然左右感知系统可以在一定的环境条件下辅助安全飞行，但不能替代操作者的判断和操控。

避障系统对于障碍物有一个范围的要求，例如距离障碍物10米，要求障碍物的长宽分别达到1米才能识别，过小过细的物体比如电线、树枝可能无法识别。

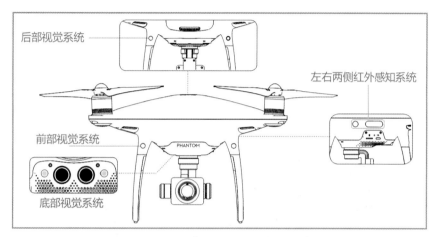

图2-8 大疆精灵4 Pro视觉避障系统

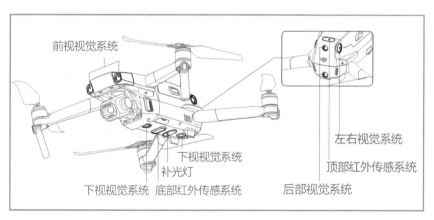

图2-9 大疆"御"Mavic 2视觉避障系统

5. 电池

聚合物锂电池是航拍无人机飞行和拍摄的动力来源，其体积小、能量高，使用智能模块进行电池管理，使用期间自动显示电池组中每个电芯的电压、剩余电量、充放电次数和电池温度，还可以为长时间保存电池进行电量调节。

单击电池开关按钮可查看当前电量，电量指示灯一共有4格，每一格为25%

电量，检查后指示灯自动熄灭。在通电状态下，飞行显示界面中或点击电池显示栏，可以精确查看电池电量和各项指标。

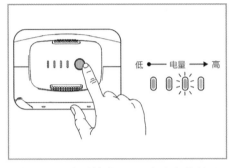

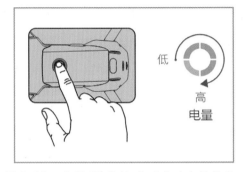

图 2-10　大疆精灵 4 Pro 电池电量显示　　　　图 2-11　大疆"御"Mavic 2 电池电量显示

电池是有寿命的，正确地使用电池和充放电可以延长使用时间。

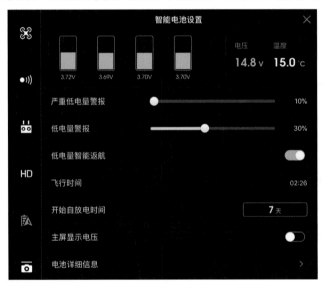

图 2-12　智能电池页面显示

①电池使用温度宜在 15°～ 40° 之间。冬季使用前需要预热电池，当电池温度达不到时，可以使飞行器在地面不起飞而螺旋桨空转。等到显示界面达到 15° 再进行飞行，否则会因为温度过低电池无法有效释放电能，造成瞬间断电而使无人机失控。夏季不要将电池长时间置于阳光下暴晒，高于 40° 会使电池电芯受损鼓包。

②电池电量用完不要立即充电，这时电池还处于发热状态，充电会影响电池寿命，等电池自然冷却后再进行充电操作。当电池温度过高或环境温度过低，

会有充不进电的情况，这时电池指示灯会单灯频闪，应该停止充电，等待温度适宜再充电。正确的充电过程是指示灯由低到高逐渐增加，充满后全部熄灭。

③电池不要长时间不用，满电或低于 10% 电量搁置电池超过 3 个月都是有损电池的。定期充放电对延长电池寿命有好处，飞行器需要经常飞一飞。在确定一段时间不使用飞行器时，可以在飞行显示界面电池显示栏中，设置电池自动放电时间，电量大于 65% 时电池管理系统会让电池自动缓慢放电，使电量维持在安全范围内，最大限度保护电池。

④当飞行器固件升级时，也要同时升级电池固件，这样才能正常使用电池，否则飞行器会报警或给飞行带来安全隐患。

⑤不要购买价格低廉的非原装电池，不要私自改装电池，有问题要先联系售后帮助解决。

⑥标准无人机电池是可以带上火车、高铁、长途汽车等公共交通工具的。坐飞机民航安检时电池等同于充电宝，只能随身携带，不能托运。如遇国家重大事件限制携带，请留意官方通知。

二、遥控器

遥控器是我们和飞行器唯一的联系设备，所有的飞行指令和拍摄过程都要通过遥控器传达，飞行器所有的飞行参数和拍摄参数也显示在遥控器上。所以对遥控器操作的熟练程度直接影响飞行质量和拍摄成功率。

普通遥控器　　　带屏遥控器

图 2-13　大疆"御"Mavic 2 两款遥控器

1. 操纵杆

操纵杆又称摇杆或油门杆，负责飞行高度和飞行方向的控制，如起降、进退和旋转，相当于驾驶员手中的方向盘。大疆"御"Mavic 2 采用了可拆卸式摇杆，便于收纳。

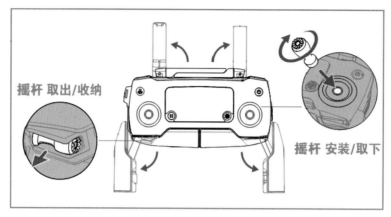

图 2-14　大疆"御"Mavic 2 操纵杆安装

遥控器操纵杆操控方式有三种，分别是"美国手""日本手""中国手"。大疆无人机出厂默认为"美国手"，就是左手摇杆控制升降和旋转，右手摇杆控制进退和左右平飞。如需要改变左右手操作习惯，需要在飞行 App 的"遥控器设置"里调整。

在使用他人的飞行器时，请先询问遥控器操控方式。

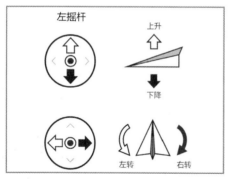

图 2-15　"美国手"左摇杆控制

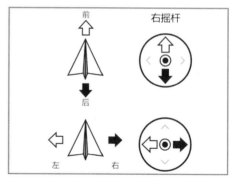

图 2-16　"美国手"右摇杆控制

在操纵杆手动起飞时，左右摇杆同时向内或向外成"八"字，电机启动，螺旋桨开始旋转，此时松开摇杆，启动完成。再次重复此动作，电机停止。这是一个紧急停机动作，除非飞行中遇到严重故障，否则不要随意使用。电机启动后，轻推左摇杆向上，飞行器就可以向上垂直飞行，直到松开左摇杆，飞行器不再上升悬停在某高度，反之向下，飞行器垂直向下降落，当飞行器降落至地面后，保持左摇杆向下 2 秒钟以上，电机停转。

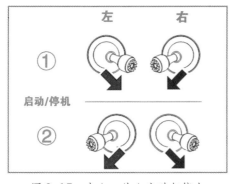

图 2-17　内八、外八启动与停止

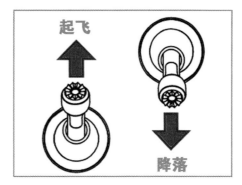

图 2-18　左摇杆控制升降

摇杆的操作一定要控制力度，平稳缓慢推进，切勿猛推猛放，否则会造成飞行器急加速或急刹车，力度过大的操作容易引发飞行风险，同时也会快速耗费电池电量，缩减飞行时间。要养成良好的操控习惯，尽量用大拇指和食指捏住摇杆轻柔推放，提高飞行精度和飞行稳定性。

2. 功能按钮

大疆各种型号遥控器上各种按钮的用法基本相同，不同的机型按钮位置会有所不同，记住常用按钮，有助于提高飞行效率和飞行安全性。

①遥控器电源开关，短按一次可以查看遥控器电量。短按一次接着长按 2 秒，可以开启或关闭遥控器。

②一键返航是智能返航控制键，在飞行任务结束后，需要直接返回记录的返航点，或者一时找不到飞行器所在位置，只需长按就可启用，飞行器按直线返航。返航途

图 2-19　大疆"御"Mavic 2 飞行模式挡位

中如果需要取消智能返航，就再短按一次这个键。一键返航最小水平距离是20米，小于这个距离飞行器会直接降落而不返回到记录点。

③云台角度拨轮可以遥控调节飞行器相机镜头的俯仰角，这个调节很灵敏，建议一格一格地微调，切勿来回猛拨。

④快门按钮和单反相机上的按钮用法一样，半按快门也是对焦，全部按下去即为拍摄。

⑤视频拍摄按钮按下可以拍摄视频，再按一次停止拍摄。

⑥底部两个自定义功能键可以在飞行 App 内设置需要的快捷功能，比如云台一键向下或者回中，还有快速调取拍摄参数。

⑦飞行模式挡位建议放在 P 挡不要切换变动，并在飞行 App 内默认锁定，此挡飞行模式安全性最高。大疆"御"Mavic 2 有 T 模式，可以限制飞行速度，使飞行拍摄更稳定。

⑧大疆"御"Mavic 2 遥控器增加了紧急悬停键和五维控制键。当摇杆没有任何操作时飞行器就处于悬停状态。紧急悬停键在飞行器运行过程中需要短距离紧急刹车悬停时使用。五维控制键相当于多提供了遥控器面板上的自定义快捷键，可在飞行 App 上设置需要的功能，但要记得住所设功能，不要影响飞行和拍摄安全。

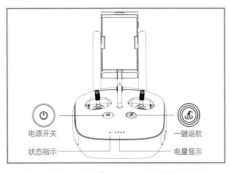

图 2-20 大疆精灵 4 Pro 遥控器正面

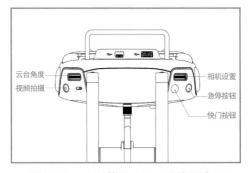

图 2-21 大疆精灵 4 Pro 遥控器背面

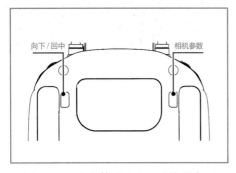

图 2-22 大疆精灵 4 Pro 遥控器底面

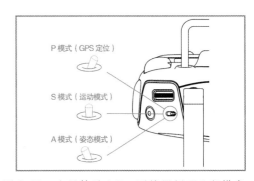

图 2-23 大疆精灵 4 Pro 遥控器侧面飞行模式

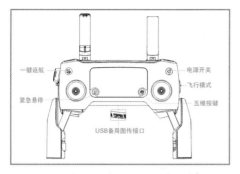

图 2-24 大疆 "御" Mavic 2 遥控器正面

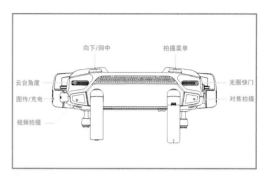

图 2-25 大疆 "御" Mavic 2 遥控器背面

3. 显示屏

这里所说的显示屏不是外接的显示飞行 App 和图像的显示屏。

大疆 "御" Mavic 2 遥控器自带显示屏类似单反相机的肩屏，有着各种参数的显示。掌握遥控器显示屏各种功能信息含义，是顺利安全操作飞行器的重要环节。因显示屏上多为英文或数字，对于部分使用者来说稍有难度，需要强行记忆。

①最中间的一排英文是遥控器飞行状态提示，常遇到的有以下内容：

CONNECTING　表示遥控器正在连接飞行器；

READY TO GO 表示飞行器准备完毕，可以起飞；

GOING HOME 表示飞行器正在返航；

NFZ LIMIT　　表示飞行器处于禁飞区域，无法操作，并不是设备故障。

还有智能飞行模式显示、系统故障提示等信息内容请参阅用户手册。

②上排 GPS 标识表示当前飞行模式，后面 5 格表示 GPS 信号的强弱。

③遥控器信号也用 5 格表示，格数越少表示信号越弱。如果全部消失，表示丧失遥控能力，飞行器飞控系统将接管进入自主控制模式，默认行为是自动返航。

④飞行器电量和遥控器电量都用百分比表示，低于设定数值会报警提示，要尽快返航结束飞行。

⑤EV 表示相机曝光补偿量，和一般单反相机含义是一样的。SD 表示存储卡的状态。

⑥最下面一排数字是下视视觉高度检测，就是接近地面还有多少距离、飞行

的垂直高度、距离起飞点的横向距离。

⑦两侧弧形格子表示飞行速度和电机转速的饱和程度，不建议每次都以最高速运行。

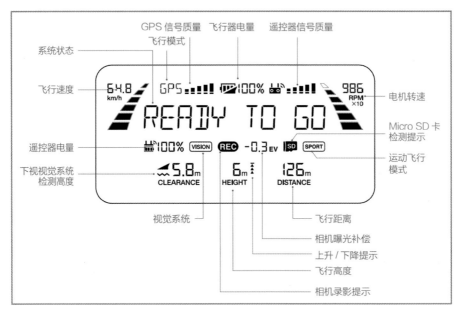

图 2-26　大疆"御"Mavic 2 遥控器状态显示屏

4. 天线

飞行器在使用之前需要将遥控器天线从折叠状态展开，并保持两根天线平行，否则会影响遥控信号和图传信号的传输。遥控飞行时不要把天线指向飞机，而要把天线垂直于遥控器和飞行器的连线，这样是使连接信号最强的方式。当遥控器信号微弱时，飞行 App 页面会提示请调整天线。天线注意轻折轻收，不要强行折掰以免造成损坏。

图传信号指的是外接显示器接收镜头所拍摄画面的实时传输，它也是通过遥控器天线来接收的。

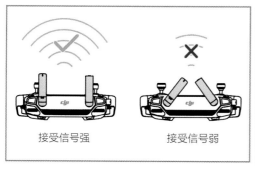

图 2-27 天线展开

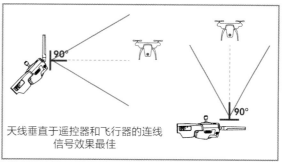

图 2-28 天线正确使用角度

三、下载飞行 App

飞行 App 是用来完成控制飞行、调整参数、执行拍摄、分享素材等各种任务的飞行软件。在手机或移动设备中的应用商城或 App store 搜索 DJI GO 4，以下载大疆飞行 App（"御"Mavic Mini 和 Air 2 搜索 DJI FLY）。也可以在大疆官网下载页面扫码安装。其支持大疆"御"Mavic 系列、"晓"Spark、精灵 4 Pro 系列等产品。

图 2-29 DJI GO 4

图 2-30 DJI FLY

安装大疆飞行 App，对移动设备的型号和系统版本是有要求的。目前苹果设备至少是 iPhone 6 或 iPad mini 4 以上机型，需要安装 iOS 10.0.2 或更高版本。华为 Mate 8 以上机型，需要

图 2-31 飞行 App 注册界面

图 2-32 飞行 App 登录状态

Android 5.0 或更高版本。具体需要的机型及版本请参阅大疆官方网站下载中心。

首次使用 DJI GO 4 App，需要在网络环境下注册并进行手机验证才能登录。在登录界面点击"注册"，按照 App 页面提示操作即可。如果以前注册过 DJI GO 4，那么只需要输入账号和密码，就能直接进入了。

第二节　做好起飞前检查

培养飞行前做好各项准备的良好习惯是顺利飞行的第一步，每一次飞行都需要对设备进行检查，对飞行环节按步骤操作，以免造成飞行安全事故。

一、航拍器开关机顺序

1.开机顺序

①拆除相机云台卡扣和保护罩，否则开机会造成电机堵转过载；

②安装飞行器电池，展开机臂、打开螺旋桨；

③打开遥控器天线，安装连接手机或外接移动设备；

④打开遥控器电源，开启遥控器；

⑤开启飞行器电源，飞行器自检；

⑥运行 DJI GO 4 App，进入飞行页面。

2.关机顺序

①飞行器落地螺旋桨停转后，第一时间关闭飞行器电源；

②关闭遥控器电源，如果马上要再次飞行，可以不用关闭；

③取下移动设备，断开连接；

④收起飞行器和遥控器，安装好云台卡扣和保护罩。

理论上，先开启飞行器电源和先开启遥控器电源没什么区别，但如果附近其他人也在操作无人机，先开启飞行器有可能会发生被其他遥控器操控的现象。先关闭飞行器电源，也是为了防止误操作遥控器，意外启动飞行器造成事故。

二、系统升级

系统升级就是无人机需要进行系统更新，增加操作功能，修复系统漏洞，使无人机飞行更加安全方便，包括飞行器、遥控器、电池等固件的升级及数据库更新。

1. 固件升级

在开启飞行器和遥控器状态下，DJI GO 4 App 连接运行时，会在网络环境中自动检测固件版本信息，如果检测为最新版本则无需升级，可以正常使用。如果不是最新版本，系统页面会提示用户刷新固件，为了飞行安全，建议不要取消，而是选择滑动下载。固件升级是自动的，当提示升级完成，需要重启飞行器，点击后完成固件升级操作。升级过程不能打开其他应用，否则会提示升级失败。

升级固件过程较长，需要飞行器和遥控器都有 50% 以上的电量，确保升级过程不中断。建议飞行前检查系统是否要升级，以免携带外出后再升级浪费流量和电池电量。升级固件过程中，不要进行其他操作，不要插拔连接线，飞行器需要取下螺旋桨或者远离人群。

图 2-33　固件更新提示

图 2-34　固件下载升级

2.数据库更新

数据库的更新也是经常被提醒的，比如新增限飞和禁飞区域，需要在飞行App上及时更新，以免飞行误入违反相关法律规定。比如北京大兴机场这块区域在没有建好之前并不是禁飞区域，但如今机场已经建成通航，为了民航飞行的安全，飞行App地图就要更新这块区域的飞行权限。

图 2-35　数据库升级

图 2-36　数据库更新

三、满电飞行

在飞行前，要确保所有设备为满电状态，检查每一块电池电量，飞行器电池电量不足坚决不要起飞。不要忘记检查遥控器的电量情况，因为遥控器电量可以维持数小时，会给人一直有电的错觉，从而忘记查看。还有就是手机或移动设备的电量，尤其是手机在低气温下使用耗电速度非常快。安卓系统的手机在连接遥控器时还会反向充电，如果手机电量不足就会消耗遥控器电量。

电池和遥控器充电时间都比较长，所有充电都要提前准备，不要临出门才想起要充电。如果驾车可以配备车载充电器，可以救急充电。

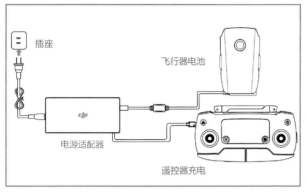

图 2-37 标配充电器

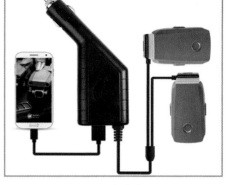

图 2-38 车载充电器

四、存储卡

出门飞行前要检查飞行器中是否有Micro SD存储卡，存储卡中是否有足够的存储余量。建议每次飞行结束后，尽快将所拍摄素材导出来，将存储卡放回飞行器中。需要多准备几张存储卡，以免拍摄量大造成容量不足，也能确保素材得到安全保存。

为了保证拍摄的写入速度，建议购买使用USH-1 Speed Grade 3（U3）或以上规格的Micro SD存储卡，可以录制4K视频。如果只拍摄照片或1080p视频，购买U1或C10存储卡即可。

图 2-39 Micro SD存储卡性能指标

	速度等级[5]	UHS速度等级[5]	视频速度等级[5]
8K UHD 7,680 x 4,320 pixels			V90 90 MB/s
8K UHD 7,680 x 4,320 pixels			V60 60 MB/s
4K UHD 3,840 x 2,160 pixels		30 MB/s	V30 30 MB/s
Full HD 1080p 1,920 x 1,080 pixels	10 MB/s	10 MB/s	
HD 720p 1,280 x 720 pixels	6 MB/s		
Standard 720 x 480 pixels	4 MB/s		

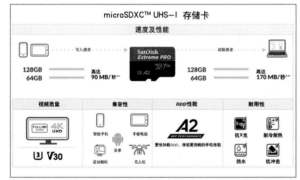

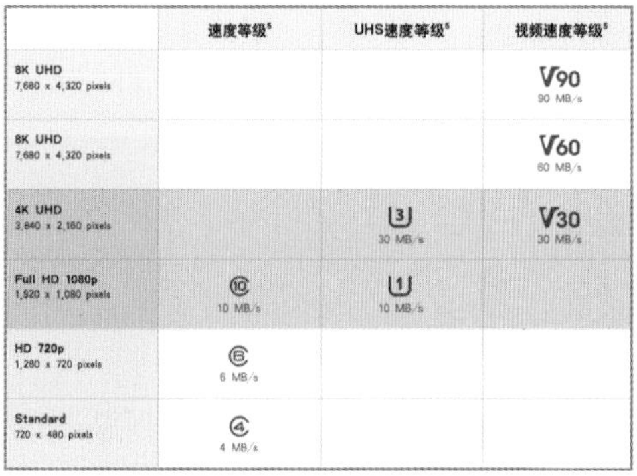

图 2-40 Micro SD存储卡速度等级

五、起飞/降落点

飞行器起飞和降落时往往容易发生事故。在飞行器起飞时，需要选择安全的场地，检查周边环境是否适合飞行，不要在室内飞行。如果起飞地面有尘土、露水、泥浆等请使用停机坪。

①优选户外空旷平坦区域，远离人群密集区域；

②优选无干扰环境，避免高楼林立的建筑群及无线发射基站；

③优选视线范围好的环境，避免树木丛林及栏杆绳索多的场地；

④优选无重要设施场所，避免电力输送铁塔和高压电线经过区域；

⑤优选地面纹理可识别区域，避免大面积的水面及大面积玻璃幕墙；

⑥禁止在高速公路、高铁线路上起飞与降落。

六、校准参数

开始飞行时，连接飞行器与遥控器，打开飞行 App，如果系统提示校准 IMU 惯性测量单元和指南针，则需要按飞行 App 指示校准这些参数，确保飞行安全。

1. 指南针校准

如果系统检测到周边有大型钢构、磁铁等物质会提醒用户进行指南针校准，这时建议将飞行器尽量在室外空旷无干扰场地进行指南针校准。

校准指南针模式可以根据飞行 App 弹框信息指示，先手持飞行器水平旋转360°，再竖直旋转360°，当出现指南针校准成功提示后确认即可。

图 2-41　参数校准

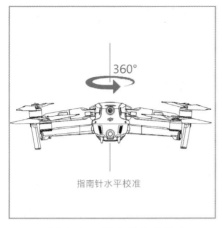

图 2-42 指南针水平校准

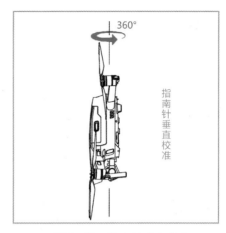

图 2-43 指南针垂直校准

2.IMU 校准

IMU 是测量物体三轴姿态角或角速率以及加速度的传感装置,由陀螺仪、气压计和加速度计等组成,可以控制飞行姿态。将飞机放在经水平测试仪测试过的水平面,然后在飞行 App 里点击飞控参数设置里的高级设置,就可以按照提示校准 IMU 传感器,ACC 显示为绿色就是正常的。如果系统没有提醒可以不用每次都进行校准操作。

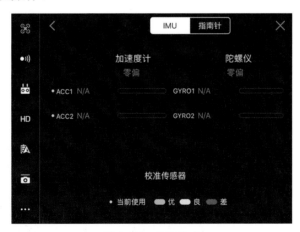

图 2-44 IMU 校准

七、熟悉飞行 App 功能

飞行 App 安装登录后,不需要每次重新登录,可启动默认账号。新手在第一次登录后会有首次使用教程指引,需要多看牢记。

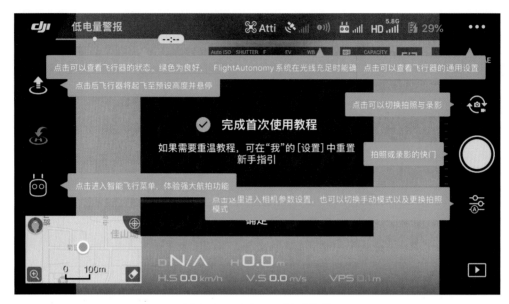

图 2-45 飞行 App 新手指引

1. 飞行状态栏

飞行状态栏在连接时和搜索 GPS 信号准备起飞过程中显示黄色，当 GPS 信号满足飞行条件后变成绿色，这时会有返航点记录提示音，可以开始飞行。当飞行器电池触发低电量警报时，状态栏变成红色，并发出蜂鸣警告音，应立即进行返航操作。

2. 遥控信号和图传信号

遥控信号和图传信号都用 5 格表示，飞行中要注意观察信号强弱的变化，如果格数过少应及时调整天线或控制飞行距离。如果没有遥控信号，就无法进行飞行和拍摄；如果没有图传信号，屏幕就会完全黑屏，看不到回传图像。失去信号会触发自动返航，直至回到可以接收信号的区域。信号恢复后可以切换到手动控制，如果不切换飞行器将自动返航到记录点。

3. 电池电量

在飞行中要密切关注飞行器电池电量显示，合理分配飞行距离。如果飞行距离较远，即便不触发所设置的低电量报警，也会触发安全返航最低电量报警，这时要立即进行返航操作，不要误以为还有很多电，千万不能贪飞。

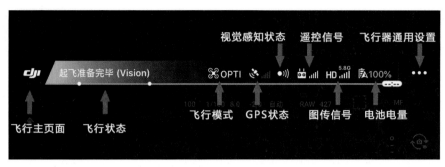

图 2-46　App 飞行状态栏

4.飞行器通用设置按键

在屏幕右上角,点开三个小圆点,可以展开对飞行器的所有设置。

①在飞控参数设置里,"返航点设置"可以选起飞位置或遥控器位置。关闭"允许切换飞行模式",设置"返航高度"一般以飞行周边最高建筑为标准。可以设置"限高"即飞行器飞行最大高度,一开始可以设置在 100 米可视范围之内,熟练以后逐步增大,最高上限为 500 米。第一次飞行时开启"新手模式",操控没有问题后再关闭"新手模式"转为普通飞行模式。

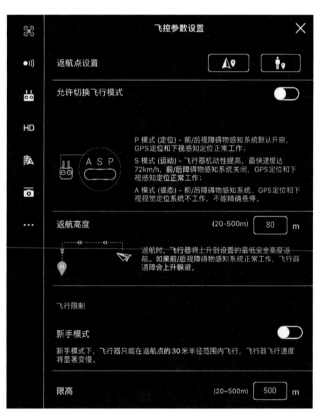

图 2-47　飞控参数设置栏

②在感知设置中,将"启用视觉避障功能"打开,在下面高级设置中,将"启用视觉定位""降落保护""精准降落""返航障碍物检测"都打开,这样等于全方位开启了飞行器检测周围环境的功能,有利于飞行安全。

图 2-48 感知设置栏   图 2-49 感知高级设置

③在遥控器设置中，摇杆模式默认为"美国手"，可以不用再设置。可以设置选择自定义 C1、C2 键的功能，这在实际飞行操作中还是很有用的。对于有航拍需要的，可以设置为相机或镜头的快捷操作。

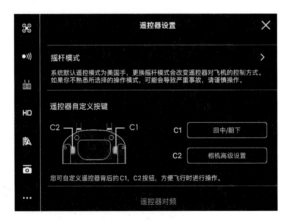

图 2-50 遥控器设置栏

④在图传设置中，信道模式选择自动，系统会根据环境情况自动选择干扰较少的信道。如果选择自定义需要手动在下面 1~32 信道中选择一个，在连接飞行器时，可以看到信道折线，绿色代表信号情况良好。开启遥控器，系统会自动在 2.4G 或 5.8G 传输频率中选择干扰较少的频段。一般户外长距离飞行时选择 2.4G，这样遥控与图传距离更远；近距离复杂环境飞行时，使用 5.8G 可以减少信号丢失的情况。

在自定义模式下，适当调整图像传输质量，也可以改善图传画面的稳定性。如果在高清图传模式下，信号经常丢失，可以改为普通图传模式或降低图传质量数值。

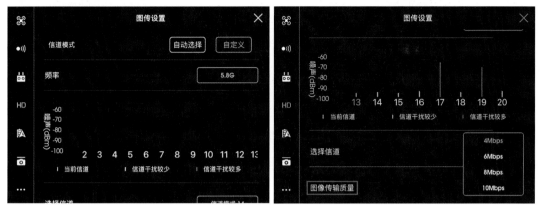

图 2-51　图传设置栏　　　　　图 2-52　图像传输质量调整

⑤智能电池设置中显示了 4 个电芯的电压，要注意的是电芯之间最大压差不能超过 0.1V，单个电芯满电时电压不能小于 3.7V，超过这些数值表示电池已接近寿命或损坏，不能再继续使用，需要及时更换。如果在使用过程中飞行 App 对电池报警，也需要立即更换电池。

冬季使用时温度要达到 15° 再起飞。低电量报警设置在电量剩余 30% 为宜，触发后会警报提示。严重低电量报警设置为 10%，触发后飞行器直接原地降落。

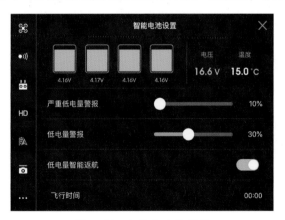

图 2-53　智能电池设置栏

开启低电量智能返航模式，达到电池返航临界点时触发自动返航。在主页面下边的带 H 左边黄色、右边绿色的线为电量情况示意线。电量随着使用，绿色的长度会变短，到达 H 点时，飞机会进行低电量智能返航，H 点表示剩余电量仅够返航。

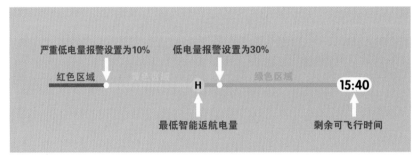

图 2-54　电量情况示意线

⑥云台在出厂前都是设置好的，如果感觉云台操作灵敏度需要校准或者微调可以在云台设置栏设置。"跟随模式"适用于使用手机或平板电脑显示器时飞行操作的云台模式，主要起到保持画面稳定的作用。"FPV 模式"多用于使用飞行眼镜飞行时的云台模式，画面变化将更为明显，带给操控者第一人称视角的沉浸式体验。

⑦其他的设置在左侧最下面三个小圆圈里，将"坐标纠正"打开，可以比较准确地让飞行器回到起飞记录点，但这也是有误差的，更精确的位置需要靠视觉系统来定位。

图 2-55　云台设置栏　　　　　　　　　　图 2-56　通用设置栏

5. 对焦 / 曝光

AFC/MF 表示连续自动对焦与手动对焦的切换，AFC 自动对焦需要点击一下屏幕上的具体位置，绿色框为对焦成功，红色框为无法对焦，白色框为手动对焦。点击可以进行对焦、测光模式切换，出现黄色的圆框就是点测光。点测光标志可以移动到需要位置。

AE 锁头标识打开表示是自动曝光状态，点击 AE 锁头标识关闭表示此时为曝光锁定状态。在自动曝光模式下按下锁定后相机的曝光参数，包括光圈、快门、感光度、曝光补偿就不会改变了，之后相机就会一直按照这个曝光参数来拍摄，不会随测光点的变化而发生变化。如果调节 EV 值，锁定自动解除。M 挡手动曝光模式下这个按钮不起作用。

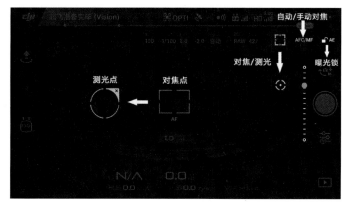

图 2-57　对焦 / 测光按钮

6. 拍摄参数

拍摄界面上的参数和单反相机类似，如果需要调整参数，需要进入拍摄参数设置页面。设置原理和普通单反相机一样，触摸屏滑动或选择所需参数，调整结束后在调整栏外屏幕上点一下即可退出设置。

图 2-58　拍摄操作栏

根据拍摄经验，白天拍摄用自动挡 AUTO，夜景拍摄用 M 挡。在光比大或逆光的情况下使用 AEB 包围曝光连拍。选用照片尺寸 3:2 是最高像素（5472×3648）。

关闭机头指示灯避免杂光进入相机镜头，开启"拍照时锁定云台"等功能。

图 2-59　曝光设置栏　　　　图 2-60　相机设置栏　　　　图 2-61　拍摄设置栏

7. 全景模式

在拍照模式中有一种全景模式，自动生成特殊效果，这是普通单反相机所没有的拍摄模式，为航拍增添了新的摄影呈现方式。自动合成的全景照片均为 JPEG 格式，如果对画质有要求，也可以按普通接片方式拍摄 RAW 格式照片，然后在电脑里用 PS 软件合成。

①球形：相机在 360°各方向自动连续拍摄数十张照片，飞行器使用飞行 App 进行自动拼接合成，大小为 8192×2816 像素。拍摄结束后，用户在查看照片效果时，可以点击球形照片任意位置，相机自动缩放该区域的局部图像，上下左右均能看到，类似一张动态全景照片。

②180°：横向 21 张照片拍摄拼接效果，设置好参数按快门后，以相机镜头水平线为中心，上下各占一半画面。这是实拍中比较常用的一种方式。

③竖拍：上下 9 张照片拍摄拼接，相当于竖构图产生的上下延伸效果。

④广角："田"字形 9 张照片拼接，相当于扩大了镜头的视角范围，模拟超广角镜头的效果。

全景拍摄需要在飞行器稳定悬停静态场景下进行，如果飞行器有移动或拍摄中有运动物体，会导致拼接画面错位。所有全景模式在提示"拍摄成功"之后，点击屏幕右下角的三角形标识可以查看拍摄回放，进入预览之后点所拍的带有全景标记照片，照片就自动开始下载、合成。如果下载失败，可以等飞行结束降落后再操作，下载时飞行器和遥控器需要处于通电连接状态。

图 2-62　全景模式菜单

图 2-63　全景摄影提示

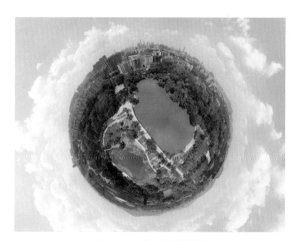

图 2-64　球形全景效果

图 2-65　竖拍全景效果

图 2-66　180°全景效果

图 2-67　广角全景效果

第三节 飞行操作

一、模拟飞行

新手在第一次飞行前，建议练习模拟飞行，了解基本的飞行操作技巧。在飞行之前打开飞行 App，点击右上角三条横杠标识，点击"学院"中的"模拟飞行"，可以直观地了解遥控器摇杆操作所对应的飞行姿态和方向变化。

模拟飞行时需要连接飞行器和遥控器，飞行 App 页面出现仿真场景，起飞降落推杆等动作和现实中基本一样。需要提醒的是，模拟飞行时飞行器不要安装螺旋桨，防止误操作发生安全事故。

图 2-68 模拟飞行进入页面

图 2-69 模拟飞行操作页面

二、新手模式

激活飞行器时，飞行 App 将提示是否开启"新手模式"，以限制飞行器的飞行距离、高度和速度。新手先练习这种可控模式，保证飞行器在横向和垂直 30 米视距范围内且GPS信号充足时飞行。也可以在通用设置中打开飞控参数设置开启"新手模式"。

1. 户外起飞

在室外相对空旷的场地连接好飞行器和遥控器，开机后等待飞行状态显示为绿色就可以起飞了。起飞方式有两种，第一种是内八推杆启动电机，螺旋桨转动，松开摇杆，此时飞行器没有离开地面。左摇杆向上缓推，飞行器离开地面向上垂直飞行，到达安全高度后松开摇杆，飞行器悬停。第二种是点击飞行App界面左侧"一键自动起飞"，点击后黄色条向右滑动，飞行器自动启动，螺旋桨转动并垂直向上飞到预定高度后悬停，等待下一步操作指令。

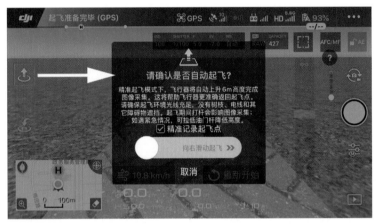

图 2-70　飞行 App 一键自动起飞

2. 返航降落

所有的飞行操作都以安全返航为底线，否则其他都无从谈起。因此返航着陆是比飞行还要重要的操作。

飞行完毕后准备降落也有两种操作方式，第一种是手动操控飞行器回到降落地点。选择好降落点后，在一定的高度左摇杆向下，直至飞行器到达地面，不要松开，继续向下拨杆保持2秒以上，螺旋桨自动停机。第二种可以点击飞行App左侧"智能返航"，点击后黄色条向右滑动，飞行器按程序返航至起飞记录点，到达地面后自动停机，整个过程无需再操作摇杆，比较方便。也可以直接按遥控器上一键返航按键进行操作。

在飞行App智能返航标识上面还有一个原地降落标识，是从飞行器当前位置垂直下降，这两种降落方式飞行器降落地点是不一样的，千万要分清楚，不能搞错。

　　无论是起飞还是降落，操控者和现场围观人员都应与飞行器保持一定的安全距离，特别是好奇心强的儿童，不能让他们靠得太近，以免无人机突发意外造成不必要的伤害。

图 2-71　飞行 App 一键智能返航

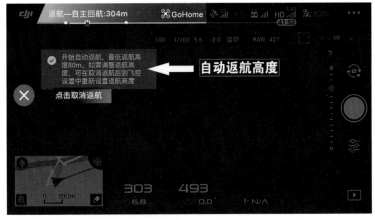

图 2-72　自主返航高度提示

3. 飞行体验

　　起飞后先将飞行器悬停在安全高度，左右摇杆轻缓拨动与松开，做到平稳慢速小幅度飞行，观察和体会摇杆操作力度和飞行器飞行速度之间的关系，切勿猛推猛放摇杆，或突然切换方向，要做到飞行匀速且可控。新手暂时不要左右摇杆同时操作，每次推杆尽量只操作一个方向的飞行运动，或只向前或只上升或只旋转，一个方向飞行到位后，再操作另外一个方向的飞行，不要急于去飞炫酷的动作。

飞行场地要无任何障碍物，特别要注意空中电线一类的细小物体。不要超出视距飞行或飞到建筑物后方，或进行风险很大的操作。

飞行器悬停时，可以查看飞行 App 各项数据，如有不合理的地方立即纠正。这些数据会

图 2-73　操控无人机

记忆保留，下次飞行时不需要再重设。飞行器电量充足正常悬停期间，可以尝试使用相机，转动云台角度，在显示屏上观察空中画面情况进行构图拍摄，适当调整拍摄参数，以获得曝光合适、焦点清晰的照片。

如遇飞行器悬停不稳异常抖动要立即返航检查，如遇大风提醒请立即返航降落，电池触发低电量报警请立即返航。

4. 紧急停机

飞行器在智能飞行过程中，如突发意外情况需要紧急悬停，可以按一下遥控器上的"急停"按钮，飞行器将在 2 秒左右后紧急刹车并原地悬停，退出智能飞行模式，等环境安全了再继续飞行操作。

图 2-74　大疆"御"Mavic 2 急停按钮

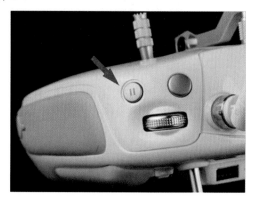

图 2-75　大疆精灵 4 Pro 急停按钮

第四节 飞行技巧

在熟悉了飞行器和遥控器的基本操作技巧后，可以解除新手模式转为正常模式进行练习。在飞行 App 中调整飞行高度和飞行距离的限制，这时的操作要更加轻柔，因为正常模式比新手模式灵敏度要高。这种飞行训练需要反复进行，要做到熟练操控。

一、检查状态列表

打开飞行 App 页面会自动弹出飞行器状态列表，这里包含了所有飞行所需要设置的参数。虽然理论上列表数据会自动记忆，不需要每次飞行都重新调整，但是由于固件升级、飞行 App 升级或者手机系统升级等都可能造成参数归零，建议飞行前仔细检查不要忽视。在飞行初级阶段，要养成良好的飞行习惯。

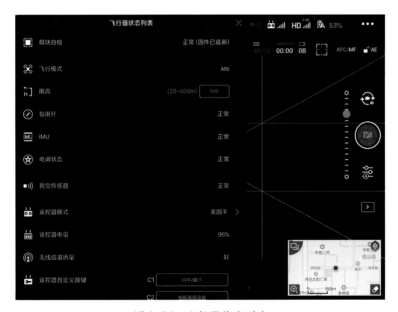

图 2-76　飞行器状态列表

二、判断机头方向

飞行器上镜头对着的就是机头方向，在地面上很好分辨，但在空中飞行一定距离之后，就无法分辨了。遥控器摇杆的方向均以机头方向为参照，如机头方向向前，右摇杆往前推拨，飞行器正常往前飞。如机头方向向后，右摇杆往前推拨，则飞行器实际在往后飞。如果这时仍然要求飞行器往前飞就要右摇杆往后推拨，或者左摇杆向左、向右使飞行器旋转180°。这个看似很简单的原理，在实际操作中经常会出错，严重的甚至会造成飞行器撞击坠毁。在高空判断机头方向有以下几种方法。

1. 利用地图

飞行App界面左下角有飞行地图，可以看到一个红色飞机状三角，三角箭头方向就是当前机头方向。只要点击地图画面，地图就可以和飞行视图切换，能看得更加明显，从而更容易判断。旋转飞机可以看到红色箭头也跟着转动。H蓝色点表示起飞记录点，飞机从H点飞到A点，黄色曲线为实际飞行线路，绿色直线是飞行器当前位置和起飞记录点的距离。

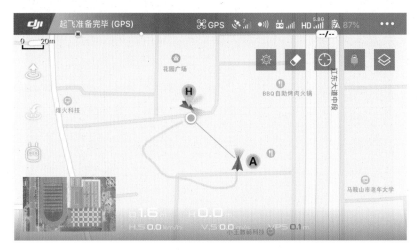

图2-77 飞行航迹地图

2. 利用姿态球

点击飞行地图右上角雷达图标志，会切换成圆形姿态球模式。姿态球中间红色三角的指向就是飞行器机头当前方向。这里红色箭头方向不是实际的东南西北，而表示和遥控器的相互位置。字母N表示地球的北。红色三角前的绿光表示镜头方向。顶端白色小三角表示遥控器方向。

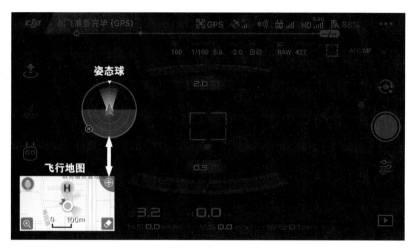

图 2-78 飞行姿态球

姿态球蓝色的水平面表示飞行器是否平稳，会随着飞行姿态发生变化。当飞行器悬停时，如比例及倾斜程度发生较大的变化且持续较长时间，则说明飞行环境风力过大。这个时候建议降低飞行器高度，或者尽快降落至安全的地方。

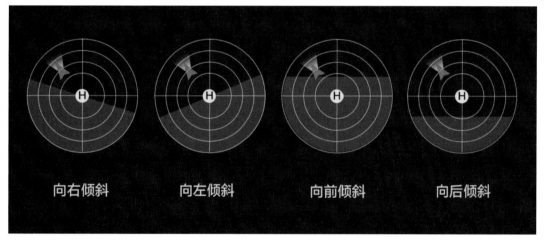

图 2-79 姿态球倾斜角度

3. 微移图传判断

如果可以看清飞行器大致走向，或在显示器飞行图传页面能看出有标志性的位置，可以用右摇杆提供微小杆量，在前后方向上移动位置，看空中飞行器移动方向，配合镜头所示图像，也可以判断出机头的方向。

三、进阶飞行训练

在熟练掌握基础飞行操作技巧后，可以进行难度稍大一些的飞行操作，学会把飞行器的控制与镜头的控制结合起来，在飞行中发现可以拍摄的素材。

1. 直线拉高飞远

通常起飞后，先垂直向上飞，高度需要超过周边最高建筑物，然后平行向需要的方向飞行，也可以在拉高的同时向前或向后飞行。这种飞行几乎都是超视距的，存在一定风险，操作不熟练的新手不要尝试。

当飞行器超视距飞行时，不要试图看天空去找飞行器，而要时刻关注显示屏上每一个参数的变化，紧盯图传画面，特别是电池电量的变化以及遥控信号和图传信号的强弱，这两个参数是重中之重，多数飞行事故都是这方面未重视引起的。如果飞行 App 提醒有风险，请尽快返航至视距范围内，不要存有侥幸心理。当飞行风险触发自动返航时，务必执行，不要停止返航。

平飞的情况下，尽可能采用对头飞行，始终让机头和镜头对着飞行方向，这样在显示器上可以看到前方的画面情况，便于发现问题采取避让措施。

在手动操作返航降落时，先根据地图将飞行器飞到头顶上空，然后再执行垂直下降操作。不要先进行大幅度降低高度的操作，高度过低容易在回程中碰到障碍物。

这种飞行训练最好在建筑物不高、密度不大的区域进行，要避免在城市中心高楼林立的闹市区操作。这样的飞行训练既锻炼技术也锻炼心理素质。

2. 绕圈飞行

在飞出去一段距离后，保持高度不变，任意找个点为假想圆心，比如某栋建筑物，左右摇杆同时操作，边飞边绕着圆心转。这个需要左手摇杆的旋转和右手摇杆的飞行配合好，只有这样才能飞出一个大致形状的圆。可以顺时针和逆时针都练习一下，在飞行地图上看看飞的是不是一个圆圈。

这些飞行动作需要反复练习，直到双手能同时熟练地操作摇杆、流畅地完成各种飞行动作。

图 2-80 绕圈飞行示意

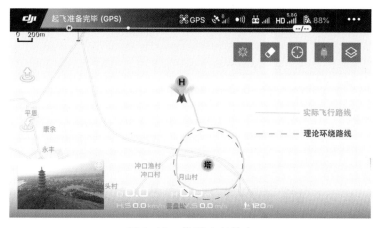

图 2-81 绕圈飞行航迹

3. 云台俯仰

飞行中大部分时候是根据图传画面观察飞行情况和决定拍摄位置的,所以除摇杆操作以外,云台的调节也是非常重要的。云台掌握的是镜头回传飞行器周边环境实时情况画面,可以通过遥控器上的云台俯仰控制拨轮控制云台的俯仰角度,也可以通过定义 C1、C2 按键为"云台方向上下、左右"来进行俯仰和水平方向的切换。

在云台设置中的高级设置里,调整俯仰轴速度不要过快或过慢,数值以 20~50 为宜,扩展限位 30°打开,将俯仰缓启 / 停设置为 0,即拨轮拨到什么位置云台就停留在什么位置。

除了从下往上观看与拍摄角度受到一定限制，其余角度通过云台俯仰和飞行器旋转，就可以得到所需的视觉效果。

在平飞阶段，要让云台镜头处于水平状态，这样更好观察前方飞行环境。在飞行器降落阶段要将镜头垂直向下，以防高度不够发生碰撞事故。

图 2-82　云台俯仰　　　　　　　　　图 2-83　云台俯仰设置

第五节　风险规避

飞行器在空中飞行风险无时无刻不在，需要将风险发生的可能性降低到最小。飞行器内部的飞行控制系统已经将可能发生的风险情况都作了相应的处置，但外部突发的风险情况仍然需要人工干预控制。

一、地面风险

起飞阶段，电机启动但尚未离开地面，这时的风险主要是地面人群，会有好奇围观人员走近飞行器想一探究竟，或是儿童伸手想去抓飞行器，此时一定要提醒人群，并立即将飞行器升至安全高度，以免飞转的桨叶伤害到人，降落阶段也是如此。起飞与降落都要迅速果断，不要在飞行器已经通电的情况下犹豫不决。

图 2-84　地面风险

　　飞行器不要长时间逗留在人群聚集地的上空，特别是不要在人群的头顶飞行，尽量飞高一些，拍摄完成后就飞离这一区域。飞行器伤害到人是非常严重的事故，有的甚至要承担法律责任。

二、天气风险

1. 大风

　　飞行器理论上最大可以抗风5级，风再大就可能被风吹离原有的位置造成机体不稳定，从而发生安全事故，而且飞行器也难以在摇晃的情况下拍出清晰的照片。另外，在风中飞行，飞行器为了保持平衡会作出与风向对抗的动作，此时将耗费更多的电量，续航时间会大大缩短。

图 2-85　风速提醒

风是一种不确定的天气现象，也许起飞时没有风，但有可能几分钟后狂风大作；也许地面风平浪静，高空却有着剧烈气流，这些都是无法预判的。每次飞行前都要尽量对风力进行评估，强风情况下不要起飞。当飞行 App 发出风力过大的警报时，飞行器要及时降低高度或者返航。大疆"御"Mavic 2 风速提示有两个等级，一个是大风 6 米／秒，一个是强风 9 米／秒。

2.云雾

飞行器各部件都是不防水的，进水可能会导致短路、部件损坏，因此在降雨降雪等恶劣天气情况下不要飞行。比较难判断的是云雾情况，摄影中有云雾是出片的好时机，影友会尝试飞行或者穿云拍摄。浓雾天气尽量不要飞行，因为镜头上会有水汽，能见度非常低，这时的飞行是非常危险的。如果是清晨的地面薄雾，周围环境可辨识，需要先将飞行器升高到雾的上空，再调整飞行方向寻找合适拍摄的角度，如果起飞后遇到雾气加厚辨别不清的情况，需要及时返航。

图 2-86　浓雾环境

图 2-87　薄雾效果

虽然穿云飞行拍摄可以获得惊艳的效果，但此时的飞行也是风险极大的，在上升下降阶段因云雾遮挡是看不到画面的，只有向上穿出云层达到一定高度才能看到镜头中的画面。所以穿云拍摄一定要在熟悉的场地上起飞，确保升降范围内没有障碍物，先垂直向上穿出云层，再进行平飞寻找角度。返航时建议使用一键智能返航，确保飞行器先回到正上方再降落。

图 2-88　穿云效果

3. 气温

　　高温或低温天气都会影响无人机工作状态，特别是对飞行器电池的影响是剧烈的。在夏季炎热的天气条件下，连续飞行会使飞行器温度升高，转动的电机也会因气候炎热发烫，建议两次飞行之间相隔时间长一些，等机体降温后再飞行。电池刚从飞行器上拿下来时也非常热，不能马上充电，需要降为常温后再充电。

图 2-89　高温飞行

　　寒冷的天气会使飞行器电池性能降低，即便是在充满电的情况下飞行时间也会很短，因此在使用过程中需要密切注意电量的变化情况。如果气温在 0° 以下，电池需要作飞行前保温；飞行前在飞行 App 中查看电池温度，如果低于 15° 系统会进行提醒，建议起飞后在安全高度悬停，让电池自加热到 15° 以上后再进行飞行操作。

图 2-90　低温飞行

三、弱光风险

夜景是无人机拍摄的重要题材，但在光线条件不佳的情况下飞行，视线会受阻，可能既看不到飞行器的位置，也难以看清周围环境；飞行器在光线不足的情况下，视觉避障系统起不了作用，无法识别周围障碍物，飞行风险极大。

图 2-91　弱光飞行拍摄

首先要事先踩点，确保起飞点周围空旷无障碍，在光线还能识别的情况下起飞找到拍摄位置，在实际拍摄时就可以大致判断飞行的方向。其次将相机曝光参数尽量提高，使图传画面明亮，增强视觉识别度。最后缩短拍摄时间，速战速决，采用一键智能返航。

飞行器四个机臂上都有指示灯不停闪烁，夜景拍摄时建议关闭机臂前指示灯，以免光线影响拍摄质量。在飞行 App 页面，依次点击"通用设置""飞控参数设置""高级设置"进行查看调整。

图 2-92　机头指示灯关闭

四、信号干扰

导致信号不好的因素有很多，有的是设备本身问题，如连接线质量不好，有的是系统、固件等未更新，这些需要在飞行前进行检查。有的是飞行环境或操作不当引起的，需要在飞行中特别注意。

1.GPS 信号丢失

GPS 信号对于飞行非常重要，尤其在起飞阶段，飞行器所在位置上方不能有任何遮挡物，不要在山坳里起飞，这些都会造成 GPS 信号不足。一定要搜到 6 颗以上卫星或信号大于 4 格，使飞行状态为绿色才能起飞，其他状态都不要起飞。如果一直显示信号不足，可以更换起飞点，直至搜到足够的 GPS 信号后再操作。

如果在飞行中突发丢失 GPS 信号，飞行器会提醒并进入姿态模式，要尽快找平坦地面原地降落，不能使用智能返航，使飞行器平稳降落是唯一选择。降落后检查参数是否能恢复正常，如不能解决需要和大疆联系返厂维修。

重大集会活动或特殊场合，相关部门为了防止发生意外，会使用无人机干扰设备切断 GPS 信号，强行制止飞行活动，这种情况需要咨询相关规定，不要贸然飞行。

图 2-93 GPS 信号提醒

2. 遥控图传信号丢失

影响图传与遥控信号的因素较多，与飞行环境、遥控器天线摆放、移动设备兼容性都有关系。不要在有基站铁塔的地方、无线信号密集的城市中心或小区楼间起飞，这种环境甚至在视距内都会发生信号丢失的情况。不要试图绕到建筑物或山体后面飞行，这样信号会因被遮挡而丢失。信号微弱呈现红色时，要及时调整天线或返航至信号恢复正常。

当图传信号丢失而遥控信号还在时，虽然看不到画面但飞行器仍然可控，建议执行一键智能返航，直至信号恢复再切换为手动操控。如果遥控信号丢失，飞行器自带的飞控系统会接管飞行器自动返航，所以之前在飞行 App 里就要设置信号丢失后的行为自动返航，并合理设置返航高度。

正确调整遥控器天线方向，使其始终对着飞行器方位，这样有利于信号接收。也可以在信号微弱时移动遥控器到空旷和较高地势处，信号接收情况会有所改善。

和 GPS 信号一样，特殊场合会遇到无人机干扰设备切断遥控和图传信号，阻止飞行活动，请事先了解情况。

图 2-94　图传信号提醒

图 2-95　遥控信号提醒

3. 手机来电

多数人会用自己的手机作为显示屏，飞行前记得将手机切换到飞行模式，这里的飞行模式和飞行器没有什么关系，仅仅是暂时关闭手机接收信号和网络，避免飞行中有来电或网络信息影响操作，尤其是起飞降落阶段的电话接入会导致手忙脚乱容易造成安全事故。

图 2-96　飞行模式

五、炸机处理

炸机是在飞行中发生安全事故导致飞行器损坏的俗称。

1. 轻度损伤

指基本发生在起飞降落阶段的擦碰事故，主要是螺旋桨叶损坏，外观仅有擦痕，而机体其他部件如云台相机未受影响，电机转动正常，电池工作正常。这种情况只需更换新的桨叶就可以正常飞行。如果外观看不出损伤，但起飞后有异响或飞行状态不正常，需要咨询大疆技术部门进行相应处理。

2. 重度损毁

飞行器意外落水、飞行中严重撞击、高空坠落等造成飞行器损坏变形或解体，特别是云台相机和电机破损，这是自行无法修复解决的，必须尽快联系大疆售后，将飞行器寄回返修。大疆技术部门会进行定损检测，确认哪些部件需要进行更换维修，告知损坏以及需要维修的明细。

自助寄修网址：http://www.dji.com/cn/service/repair

在线技术支持：http://www.dji.com/cn/support/product

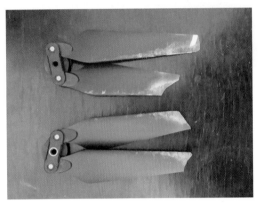

图 2-97　轻度擦碰

图 2-98　重度损毁

如果购买过 DJI Care，大疆提供自购买之日起一年内两次置换服务，对于进水碰撞等意外损坏，只需支付一定的置换费用，就可以更换一台同样型号的全新产品。这对于新手来说是一件很有保障意义的项目，换新是不问事故原因的，只要飞行器主体残骸还在，就能以旧换新。

图 2-99　炸机一

图 2-100　炸机二

3. 飞行器丢失

飞行中信号丢失、返航电量不足，或空中遭遇事故，都会造成飞行器失联掉落在未知区域。如果发生飞行器丢失，要尽快同步飞行记录，保存数据。然后通过飞行 App 调出最后一次飞行记录，点开后可以看到飞行轨迹，拖拽界面底部滑块，可以观察整个飞行线路变化，滑动到最右边就是飞行器最后时刻的经纬度坐标，通过这个坐标值配合地图，可以大致判断飞行器的位置。飞行 App 上面的数据前面是纬度、后面是经度。

图 2-101　飞行记录

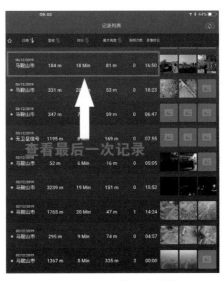

图 2-102　查找飞行数据

图 2-103　查找飞行轨迹

还可以直接点击"找飞机"，查看飞行器最后的位置坐标，及其在地图上的显示位置。此时要打开地图纠偏，如果飞行器未损毁尚有余电，可以启动飞行器闪灯和鸣叫，以便在不易寻找的区域尽快发现飞行器。

如果上述方法都找不到，就只能将数据上传到大疆 DJI 微信公众号或者在线技术支持，让技术人员提供飞机最后坐标和方位，再结合地图软件去寻找，推荐使用奥维互动地图 App。

图 2-104　查找失联坐标

避免炸机需要遵守每一项飞行操作规程，不要存在任何侥幸心理。不要用姿态模式飞行，飞行的时候集中注意力。新手买个 DJI Care 是最后的保障。

第六节　日常保养

一、检查螺旋桨叶

螺旋桨叶是塑料易损件，每次飞行前和结束后都应该检查一下，如果发现有弯折变形、裂缝或者缺口要及时更换，以免给今后飞行带来安全隐患。

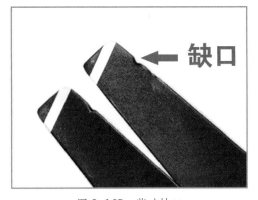
图 2-105　桨叶缺口

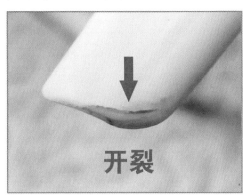
图 2-106　桨叶裂缝

二、检查电池

飞行器需要经常飞行的，要及时充电，检查电池健康状况。外观不能有变形鼓包现象，否则不能继续使用。电池有 6 个月的保修期，保修期内可以寄回保内换新，如果已过保则要重新购买。

图 2-107　电池鼓包

三、检查云台镜头

使用前记得将云台卡扣或保护罩取下，否则通电自检时会发生电机堵转现象。使用完毕后要安装好卡扣或云台保护罩。镜头非常娇贵，和单反镜头一样需要很好的保护，如果有灰不要用手去擦，要用镜头纸擦拭。

 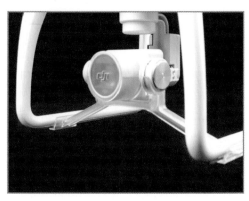

图 2-108　大疆"御"Mavic 2 云台保护罩　　　　图 2-109　大疆精灵 4 Pro 云台卡扣

四、干燥通风

在空气湿度比较大的南方飞行，飞行器表面容易沾上水汽，飞行完毕要用干净柔软的布整体擦净，有条件的可以作干燥处理或放置在通风处晾干。

图 2-110　保养飞行器

第三章

无人机航拍照片及后期制作

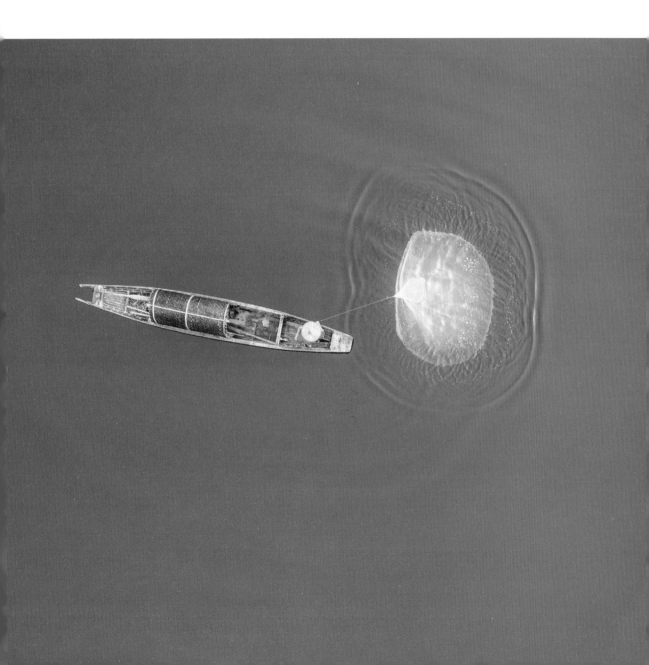

第一节 航拍的技巧

摄影中拍摄视角是非常重要的，同样的场景在不同的视角下呈现的效果区别非常大。相对于习以为常的地面视角，无人机则把视角延伸到了天空，从另一个角度去观看事物和场景。通过无人机镜头的观察，可以将数百米之内的影像展现在眼前。在固定位置通过飞行进行观察取景和拍摄，大大增加了拍摄范围，比一般的徒步拍摄更加自由灵活。

图 3-1 空中视角

自然风光是航拍涉及最多的题材。航拍容纳景物的范围比较大，用这种方式拍摄现场立体感比较明显，可获得鸟瞰摄影的效果。鸟瞰画面地平线基本消失，呈现的是地面景物的地理分布和形态。

由于无人机航拍飞行大都采用的是俯拍角度，所以特别适合表现地面的色块和线条。无人机镜头均为广角镜头，适合从空中拍摄大型

图 3-2 大地眼影盘

图案，表现壮丽的自然风景和雄伟的建筑。

有人以为升到高空拍摄很容易得到一张好照片，甚至觉得航拍的照片竞争力一定很强，这种想法是比较片面的。既然航拍是摄影中的一个独特门类，就需要符合摄影的主要素，如主题、构图、影调等，需要符合艺术作品的要求，而

非拍一张单纯的卫星地图。航拍无人机不仅用于拍摄大场面，更多意义在于如何用这样的拍摄方法去表达思想。

一、航拍题材的选择

1. 乡村拍摄

走到田野乡村去拍摄，既贴近生活，又富有人文情怀。自然风光、大面积种植作物、现代农业生产、独特的民间居住建筑都是航拍的好素材。从实际拍摄来说，郊区属于相对空旷区域，无遮挡，信号干扰少，飞行安全性相对高一些。

乡村题材拍摄主要包括季节环境、地域特征，尽可能把具有地域特点的元素纳入拍摄范围，使人能够了解是平原还是山区，是水乡还是草原，让作品具有可识别性。

2. 城市景观

城市建设日新月异，立体交通、地标建筑、都市园林等都是城市景观拍摄涉及的内容。

在城市航拍有其特殊性，一线城市针对无人机航拍有相应的管控条例，需要先在相关部门查询相关规

图 3-3 江南水乡

图 3-4 大漠戈壁

图 3-5 山区梯田

定和限飞区域，不能盲目起飞违规拍摄。另外，城市飞行环境相对复杂，各种干扰都会影响飞行安全，要找适合起飞降落的地点，熟悉所拍摄区域，作好航线规划。

图 3-6　城市地标

图 3-7　立体交通

图 3-8　园林绿地

3. 夜景拍摄

璀璨夜景是航拍不可或缺的题材，可以很好体现摄影中的明暗对比和冷暖关系。航拍夜景最大的问题是飞行安全。受光线影响基本看不到电线、树枝一类的障碍物，视觉避障系统在弱光环境中也会自动关闭。所以一定要在开阔地面起飞,在有光线的条件下,事先观察飞行的方向和线路,设定好足够的返航高度。

航拍器曝光时间最长只有8秒,而且要在绝对无风的环境中才能保持稳定曝光,一般情况下超过3秒的曝光都难以保证画面清晰,所以等夕阳落山就可以拍摄了,不要像普通单反相机那样等天黑拍摄,追求极致的暗部细节。

图3-9 避障失效提示

4. 大型活动

航拍大型活动场景具有绝对优势,可以避免因地面人头攒动而无法拍摄到有效画面,并且可以看到整体造型等利于构图的场景。

图3-10 夕阳余光拍摄

图3-11 天黑弱光拍摄

图3-12 民俗表演

图3-13 毕业季造型

5.航拍人文

用无人机进行人文题材的拍摄是对航拍题材的拓展。航拍人的活动、人类社会的文化现象和生存状态，不仅仅是美的表达，更是情感上的共鸣。

航拍人文以细节表现为主，基本采用低空可识别飞行，机位控制难度稍大，要特别注意飞行过程的安全性。

图 3-14　春暖花开

二、航拍参数设置

航拍的相机参数设置和普通单反相机类似，但空中拍摄也有一定的特殊性。

1.机位高度

高空飞行时 GPS 信号会强一些，也不容易被障碍物阻挡，视野更广阔。但爬升耗费电量，电池续航能力会降低。另外飞

图 3-15　船厂作业

得太高，画面质量会受到空气透明度的影响而下降。

主流航拍飞行器最高可以到垂直 500 米的高度，起飞海拔可以达到 6000 米，可以适应绝大多数航拍要求。但也不是飞得越高拍摄画面就越好，从摄影层面来说，过高的拍摄角度反而会使主体分散，细节呈现不出来，拍出来只有肌理构成、类似卫星地图的画面是没有意义的。

图 3-16 高度过高

图 3-17 高度适宜

2. 相机参数

（1）照片格式。航拍器自带的相机虽然将元件成像尺寸增加到了 1 英寸，但相对于普通单反相机来说还是不算大，因此拍摄出来的照片宽容度等都不是很高。为了扩大照片后期调整空间，更好地体现色彩锐度等细节，使航拍图像达到最优画质，建议使用 RAW 原始数据格式。

相机设置栏内照片格式选择 RAW，有及时分享需要的可以选择 JPEG+RAW，不要单选 JPEG 格式。如遇固件或飞行 App 升级，需要重新设定。

（2）曝光设置。在空中既要操控飞行，又要拍摄画面，工作量增加了一倍。如果白天光线充足且顺光拍摄，以色彩饱和度为主要反映内容时，建议直接采用 AUTO 自动曝光模式，不需要考虑拍摄参数调整的问题。此时飞行器相机给出的光圈 F 值基本在 6.3 左右，因为镜头焦距为 8.8 毫米，又是空中拍摄，景深足够。EV 值为 0 时，参考曝光量基本准确。如果觉得需要提亮或压暗，可以通过两旁的加减号增减 EV 值，相当于曝光补偿。

图 3-18　照片格式 RAW　　　图 3-19　AUTO 自动曝光模式　　　图 3-20　M 挡手动曝光模式

当拍摄光线有变化，自动曝光不适合时，可以切换至 M 挡手动曝光。手动曝光的光圈值、快门和感光度都需要自行设置，滑动屏幕相应位置就可以调节，蓝色数值表示当前调整好的拍摄参数。根据数码摄影的惯例，先调整光圈再调整快门，曝光量还是不够再增加感光度。调整时观察 EV 曝光参考标尺和屏幕实景的明暗程度，需要始终维持曝光参考标尺在 0 附近，不要超过 ±1.0。

（3）AEB 连拍模式。遇到逆光或光比大的拍摄情况，务必使用 AEB 连拍模式。AEB 连拍是在不同曝光下连续拍摄多张照片，用于后期 HDR 合成或根据拍摄需要选择合适的曝光效果，原理等同于单反相机中的包围曝光设置。

大疆飞行器相机 AEB 连拍模式可以选择 3 张或 5 张连拍。包围曝光挡位是确定的，以当前设定的曝光参数为基准，以 ±2/3 挡差进行自动拍摄。相机中拍摄模式的设置在关闭飞行器后有可能会恢复默认到单张拍摄，如果仍需其他模式拍摄需要重新设定。

图 3-21　AEB 连拍模式设置

三、航拍的稳定性

　　航拍摄影是为了在空中获得一张画质清晰的照片，但无法像地面拍摄那样去固定相机，空中拍摄的稳定性远比地面拍摄要低，所以要在拍摄中尽可能提高稳定性和拍摄成功率。

1. 无风无干扰

　　尽量选择无风天气进行航拍，大风环境不要说拍摄就连飞行都难以控制。还有 GPS 信号好对于飞行器精准悬停是非常有利的，如果周围干扰大、信号弱，飞行器定位会相对困难，难以保证拍摄质量。

2. 实时对焦

　　找到拍摄画面后，一定要进行对焦操作。飞行器从起飞到空中，镜头所识别的物体距离一直在变化，无法保证拍摄主体正好在焦点范围内，加之手机屏幕本身就不大，是否拍清楚无法直接识别。拍摄前需要多次在拍摄主体上点击对焦方框，显示绿色后再进行拍摄。

　　夜景拍摄时往往对焦困难，尤其暗部是无法对焦的，建议在画面中选择高反差处对焦，多次拍照确认焦点是否清晰。

3. 多张拍摄

　　在某一个场景下，不要按一次快门就结束拍摄，建议同角度多次对焦多张拍摄，以保证拍摄的成功率。尤其是路途较远，或者不可复制的场景，因没有补拍的机会而丧失一张好作品是非常可惜的。

4. 悬停等待

　　飞行器到达拍摄位置后，在不操作摇杆的情况下会自动悬停，此时飞行器会参照 GPS 信号和周围环境进行位置修正，达到相对静止状态，这个过程可能会持续几秒钟，所以操作摇杆停止后不要马上按快门拍摄，最好等待几秒钟。不要忽视这几秒钟的修正过程，它能使飞行器稳定性有很大提升。

5. 选择三脚架模式

在智能飞行模式中，有一种"三脚架模式"，也可以在一定程度上提高飞行器的稳定性。三脚架模式原理并不等同于地面上使用三脚架，也不是使用之后飞行器就不晃动了，而是这种模式会使飞行器移动的灵敏度下降，相对来说就是比较稳定，有利于拍摄。需要说明的是，悬停的稳定性跟 GPS 信号以及环境的风力等有关，三脚架模式并不能消除这些因素。

使用过三脚架模式后如果要继续飞行，先要退出该模式转为普通模式，否则飞行速度会降到 1 米 / 秒。大疆"御"Mavic 2 遥控器侧面直接有"T" 三脚架模式，直接拨杆切换就可以了。

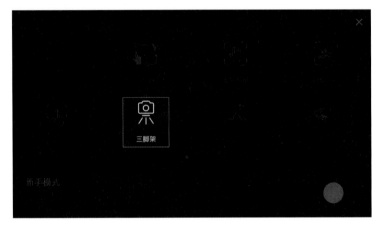

图 3-22　三脚架模式

6. 利用堆栈

如果光线不足就需要延长曝光时间，但长时间曝光又有因飞行器晃动而导致图像清晰度下降的风险。

可以先确定稳定拍摄清晰图像的曝光时间，提高感光度达到曝光正常的目的。但提高感光度会使画面噪点增多画质下降，所以单纯提高感光度并不是最好的选择。在这种情况下，可以采用多张拍摄后期堆栈的方法来解决。按相同曝光参数同角度连续拍摄数张或数十张，在后期可以利用堆栈方法来消除噪点，得到比较干净的画面。

新的固件中有"纯净夜景"拍摄模式，这是利用相机自身算法合成进行降噪的模式，但照片只能保存为 JPEG 格式，不建议使用。

图 3-23　单张与堆栈

第二节　航拍的构图方法

摄影作品离不开构图，航拍照片更加如此，好的构图能让航拍照片脱颖而出。拍摄时选择好画面元素，利用点线面支撑起影像，通过构图表达思想。

一、主体构图

航拍因高度高、角度广，新手在拍摄时很容易将很多不必要的元素纳入画面，造成拍摄主体不明确，冲淡了影像的艺术感。想要拍出好的作品必须作摄影的减法，要排除画面上多余的东西，不要让主体以外的信息分散注意力，这样才能有效地突出主体。

图 3-24　深山禅寺

图 3-25　晨捕

二、线条构图

图 3-26　水岸直线条

人眼对线条有着很独特的敏感性，因此线条容易成为视觉引导，从而营造出景深层次。

1.直线构图

以江河湖海为题材的照片，水平直线条运用较多，可以采用三分法突出主体。

图 3-27　水平直线条

2. 斜线构图

斜线构图可以利用画面的对角线充分表达主体，吸引人的视线。同时纵向可以加强画面的透视效果，增强立体感和韵律感。在航拍道路、轨道、岸边等场景时经常使用。

3. 曲线构图

曲线构图是一种经典构图方式，富有流动感。自然界的拍摄对象中有很多曲线造型，弧度走向各异，如果利用得好拍出来是非常吸引人的。

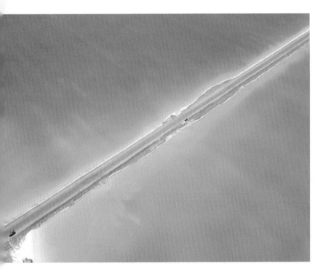

图 3-28 斜线构图

图 3-29 交叉斜线构图

图 3-30 道路曲线构图

图 3-31 河流曲线构图

三、散点构图

散点构图是将拍摄主体形象分散布点，均匀地分布于整个平面上，看似杂乱的风景蕴藏着自然界中最真实的构成美。这种构图往往需要结合色彩的变化，需要突出散布的点状物。

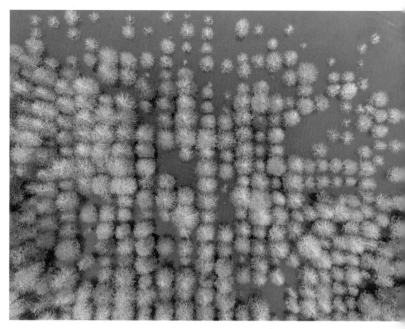

图 3-32 树木散点构图

四、局部构图

局部构图是突出主体的好方式，不拍摄多余元素，只需单一元素，或元素的单一部分，将主体以特写的形式加以放大，以其局部布满画面，具有紧凑、细腻的特点。或拍摄具有很强的规律性的画面，营造重复美感。

图 3-33 人物散点构图

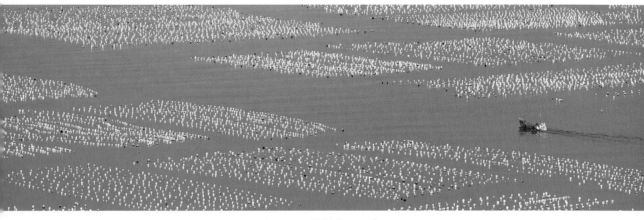

图 3-34　拍摄单一元素

图 3-35　民宿整体拍摄效果不佳

图 3-36　局部构图规律性强

图 3-37　红树林整体拍摄表现不强

图 3-38　局部构图美感强

五、角度构图

1. 平视

平视是指无人机航拍时镜头大致水平，取景范围与被拍摄主体高度基本一致，这样拍摄被摄物体不易变形，画面结构清晰，稳定性好。

2. 俯视

飞行器比被摄主体位置更高，镜头向下拍出来的照片视角广、纵深感强，利于拍摄宽广的场景。俯拍是在航拍中运用次数最多的方式，会产生一定的广角透视变形，效果夸张，视觉冲击力强。

图 3-39　平视拍摄树林

图 3-40　平视拍摄山峰

图 3-41　俯视拍摄塔阁

图 3-42　俯视拍摄梅林

3. 垂直

飞行器镜头90°垂直向下，飞到被摄主体的正上方拍摄。这种构图舍去了物体本身高度的概念而转化为二维平面影像，加之顶端是一个非常规可视角度，所以可以拍出难以预测的画面，既奇特又新鲜，让人充满了想象。

图 3-43 垂直拍摄树林

图 3-44 垂直拍摄湿地

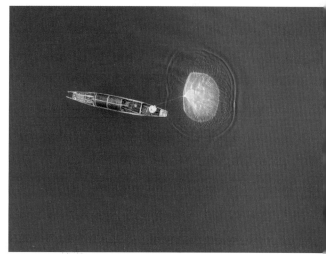

图 3-45 垂直拍摄捕鱼

第三节 航拍照片电脑后期制作

航拍照片后期处理的方法与过程和普通单反相机所拍照片基本是一样的，但航拍照片的后期可调范围比单反相机所拍照片要小，所以前期拍摄准确曝光非常重要。

后期处理除常规方法之外，还需要对航拍照片进行有针对性的调整，主要通过对照片进行二次构图、调整清晰度、色彩、后期合成等获得完美的后期效果。目前 Photoshop 2020 是较为理想的后期制作软件。

图 3-46　Photoshop 2020 软件启动界面

一、裁剪二次构图

空中拍摄要求一次性准确构图还是有困难的，拍摄时范围可以稍稍大一些，这样可以留有少量的裁剪余地，但也不能裁剪得太多，毕竟消费级航拍器只有 2000W 像素。

图 3-47 拍摄时左边部分多了一些，公路是无效元素，在 ACR 中可以直接裁剪去除。如果在 ACR 中不进行裁剪而是进入 PS 界面再裁剪也是一样的。

图 3-47　原图

图 3-48　裁剪

图 3-49　裁剪制作效果

图 3-50 拍摄时构图有些松弛，出现了大面积无效元素，只能依靠裁剪进行再次构图，裁剪后只有一半的画面被保留。

图 3-50 原图

图 3-51 裁剪

图 3-52 裁剪后效果

航拍器自带的镜头基本为广角镜头，拍摄时会有一定程度的桶状畸变，还有大光比时易出现紫边暗角等现象。如果照片发生水平歪斜或变形、暗角等需要校正，可以使用 ACR 中的镜头校正和变换工具进行调整。

图 3-53 镜头校正

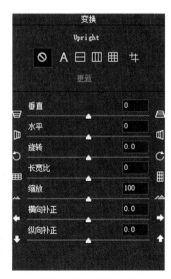

图 3-54 变换工具

二、清晰度调整

　　航拍照片的 RAW 格式原片灰度很大，提高照片清晰度是一个很重要的步骤，这决定着照片的整体效果。照片的清晰与否与对比度和锐度有关。

　　在 ACR 界面中，可以使用纹理、清晰度、去除薄雾滑杆增加照片清晰度和通透度，在整体效果与细节方面调整图片。要注意的是，航拍照片的调整空间不是特别大，在增加滑块数值时不要力度过大，适可而止，否则画质会严重下降，甚至出现像素化或色彩断裂现象。

图 3-55　原图

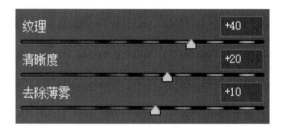

图 3-56　纹理、清晰度、去除薄雾调整操作

图 3-57　调整清晰度后的效果

　　如果在明暗调整过程中出现了噪点影响画质，特别是夜景图片，可在细节调整栏中进行噪点抑制。在此面板中调整滑杆数值时，因变化细微，建议将视图放大至 100% 或更大来观察调整效果的变化。这是更为精细的一种调整方式。

　　减少杂色栏内可以在"明亮度"和"颜色"两个滑块上增加数值，减少噪点，并增加细节滑块数值，对锐度的下降进行补偿。

　　降噪与锐化需要靠个人观察力和经验来进行调整，而且需要权衡每个滑块的数值，根据照片不同的要求让所有参数配比恰当达到最好的效果。

图 3-58　细节调整栏

三、颜色的调整

　　航拍照片色彩饱和度是不高的，需要调整还原照片的颜色。在 ACR 中对颜色进行调整的工具很多，有白平衡、色温色调、自然饱和度、饱和度、HSL 调整、分离色调等主要调整工具。其中，白平衡、色温色调、自然饱和度、饱和度可以在基本调整栏内和曝光一起直接调整。

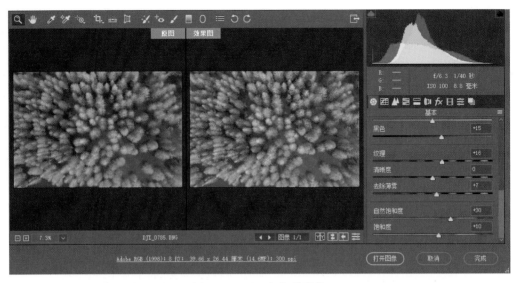

图 3-59　ACR 中色彩调整

　　如果在 ACR 中颜色调整后效果仍然不理想，可以打开图像到 PS 界面用 Lab 模式进行调整。依次点击"图像""模式""Lab 颜色"，将图像由 RGB 颜色模式转为 Lab 颜色模式。

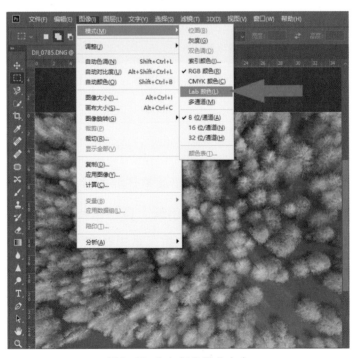

图 3-60　Lab 颜色调整命令

增加色阶调整层，在调整框内对 a 通道和 b 通道分别进行调整。将两个通道中的左右黑白三角滑块向中间移动，观察颜色的变化，使用这种方法调整后的照片色彩浓郁、清晰度高。调整完毕后可以合并图层转回 RGB 颜色模式。

图 3-61　原图

图 3-62　色阶 a、b 通道分别调整

图 3-63　颜色调整效果

四、效果合成

1.HDR 合成

在光比大或逆光时拍摄，一定要使用航拍中的 AEB 连拍模式，这样才有可能最大限度地体现亮部和暗部的细节。照片合成的操作在 ACR 界面就能直接完成。

图 3-64　AEB 连拍模式

将 AEB 连拍模式下所拍的 3 张或 5 张照片同时打开到 ACR 胶片栏，点击"全选"，再点击"合并到 HDR"，在弹出的合并对话框内勾选对齐图像，点击"合并"，可以看到胶片栏内新生成一张 DNG 格式的数据图片。这样操作得到的图片相比于在相机内合成 HDR 效果得到的 JPEG 格式图片的调整空间要大得多。

图 3-65　在 ACR 中合并

图 3-66　合并对话框

图 3-67　HDR 合成亮部、暗部细节均很好

2. 模拟慢门合成

夜晚拍摄时，无人机能保证画面清晰的最长曝光仅有几秒钟，完全不够拍摄连续车轨，无法实现一次性航拍立交桥的车轨。在实际拍摄中可以让无人机悬停在固定位置，相当于拍摄机位不动，连续快门拍摄几十张作为后期合成素材。

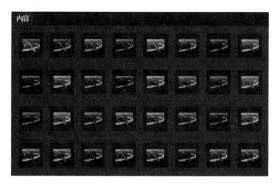

图 3-68　拍摄素材

图 3-69　每张只有一段车轨

可以看到每一张照片由于曝光时间过短，只拍到一小段车轨，效果不佳。接下来将拍摄的多个文件导入 PS，在 ACR 中打开左侧胶片栏全选进入"合并为 HDR 全景"，软件自动合成为一张数据格式的完整车轨照片。

如果在 PS 界面直接合成，依次点击菜单栏"文件""脚本""统计"，出现图像统计对话框后，浏览选择打开需要合成的多张照片，堆栈模式选择最大值，勾选自动对齐源图像，点击"确定"后，软件自动合成得到一张完整车轨照片。

图 3-70　ACR 全景合成

图 3-71　PS 界面合成

图 3-72　最终合成效果

第四节　航拍照片移动端制作

如果拍到的照片和视频需要在移动端制作并分享到社交媒体，就需要将素材下载到手机或者上传到第三方平台。

一、飞行 App 内下载

1. 飞行 App 设置缓存

在通用设置视频缓存栏中，将"录像时进行缓存"开关默认打开，根据需要和移动设备容量设置缓存最大容量，当拍摄素材容量超过缓存容量将不再继续缓存，但所有素材依然完整地保留在航拍器的 SD 卡中。开启"自动清理缓存"，表示只缓存最新的资料。

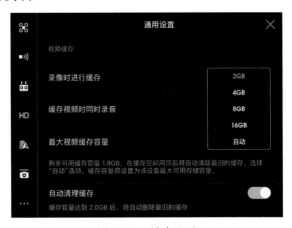

图 3-73　缓存设置

2. 下载方法

点击飞行 App 界面右下角的回放三角按钮，可以看到拍摄的照片与视频的缓存界面。如果经常有视频需要查看，建议将飞行 App 缓存视频容量设置选择较大值，但是缓存过大手机运行会出现卡顿现象。

缓存缩略图上有视频标识的表示是视频文件，有 RAW 标识的表示是数据格式照片，没有标识的表示是 JPEG 格式照片。

图 3-74　素材回放

选择缓存缩略图可以查看文件信息和下载文件，如点击右上角的"选择"可以进行批量选择。点击左下角下载标志可以将缓存文件下载到手机内存当中去，就可以在手机照片文件夹中看到。要说明的是，下载只支持 JPEG 格式照片和 H.264 编码格式视频。点击右上角的"分享"还可以把照片以链接或文件形式直接分享到社交软件上。

所有素材在飞行 App 下载需要飞行器和遥控器都处于通电连接状态。

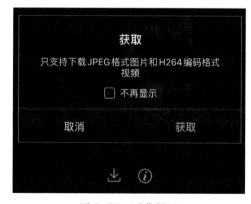

图 3-75　下载提示

图 3-76　分享形式

图 3-77　第三方平台

二、读卡器下载

购买一个手机接口的读卡器下载素材也是一个很好的选择，可以将飞行器中的 Micro SD 存储卡直接取下插入读卡器，再连接在手机上读取或者下载。由于很多手机只识别 JPEG 格式照片，因而需要在飞行器照片格式设置里选择 JPEG+RAW。

图 3-78　读卡器

图 3-79　下载分享

三、手机 App 照片制作

在手机上将照片调整一下再分享出去效果会更好。手机修图软件非常多，可以满足基本的修图需求，如裁剪、明暗、色彩、添加文字等。手机上的修图软件学会一两种就可以了，在不方便在电脑上使用 PS 的情况下，这些软件在修图方面是可以满足网络分享需求的。适合摄影图片移动端制作的App推荐以下几种，这里主要介绍 Snapseed App。

Snapseed

MIX滤镜大师

VSCO

Polarr

Enlight Photofox

图 3-80　手机修图 App

Snapseed App（指划修图）是一款功能强大的图片处理类手机应用软件，专业且简便易上手。具有画幅、明暗、色彩、风格等调整功能，还可以添加文字、相框等。

1.软件使用介绍

安装好该手机软件，点击"打开"可通过教程获取 Snapseed 对图片调整的提示和使用技巧。

图 3-81　Snapseed App 使用教程

在软件界面，打开或添加需要调整的图片。在界面的右上角有调整信息和照片信息按钮，在界面下方有软件自带的滤镜样式，并有缩略图显示，如果有喜欢的，直接点击就可以自动生成效果。

图 3-82　打开图片　　　　　图 3-83　滤镜样式

　　调整信息界面可以对调整操作步骤进行撤销、重做、还原。可以查看、调整修改的具体内容，或将已调整的某一项目单独再次进行调整或删除。"QR 样式"是自定义的滤镜效果，可以保存为自己喜欢的调整风格。图片信息界面则显示所打开图片的相应拍摄参数信息或地理位置信息。

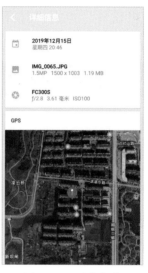

图 3-84　调整信息　　　　　　　图 3-85　图片信息

　　点击界面下方的工具按钮，可以显示 Snapseed 中所有的工具，单击需要使用的工具即可进入该工具的编辑调整状态。点击"导出"按钮可以将调整好的图片按需要进行保存，还可以直接分享到社交媒体或第三方平台。

图 3-86　Snapseed 工具栏　　　图 3-87　Snapseed 导出功能

2. 明暗、色彩基本调整

基本调整可以使用"调整图片""突出细节""曲线""白平衡"等工具，每种工具都包含自动选项和手动调整选项。点击左下角"×"表示放弃当前操作，并回到工具选项界面。点击右下角"√"表示确认当前调整，并回到工具选项界面进行下一步操作。

在调整图片界面中打开调整选项，通过手指在屏幕上滑动，用蓝色高亮选择具体调整项，然后左右滑动就可以调整该项目具体参数，同时图片显示调整效果。参数初始值为 0，调整在 ±100 之间变化。"亮度"：增加或减少曝光，调暗或调亮整张图片。"对比度"：加大或减小图片整体的明暗对比。"饱和度"：增加或减少图片中的色彩浓度。"氛围"：调整图片的细节层次。"阴影"：仅调暗或调亮图片中比较暗的部分。"高光"：仅调暗或调亮图片中的高亮部分。"暖色调"：改变图片冷暖色调效果。

突出细节就是对图片锐度进行处理，让主体更突出。在图片上滑动选择结构或锐化项目，水平滑动即可精确调整参数。"结构"：增减图片中的细节纹理。"锐化"：增加图片整体锐度。

图 3-88　调整图片工具

图 3-89　突出细节工具

在曲线工具自动选项中，软件有一系列曲线风格可以直接点选使用，并可在自动生成的曲线的基础上再进行微调从而得到理想的效果。也可以在 RGB 调整选项中手动调整,点击可视曲线标识后屏幕上会显示曲线网格,在曲线上点击生成参考点。实心圆圈为当前可操作点,上下滑动可调整曲线形状。多次点击可以生成多个参考点,将参考点拉向四周拖出网格即可取消参考点。

白平衡工具中 AW 标识表示自动白平衡功能,点击后由软件自动对图片判断生成效果。选项栏中,"色温"使图片从橙黄色到蓝紫色变化,有调整冷暖的作用。"着色"使画面从绿到品红色变化,用来调整色调效果。右侧的吸管调整工具相当于自定义白平衡,滑动圆圈位置可以观察图片具体白平衡效果。

图 3-90　曲线工具　　　　　　图 3-91　白平衡工具

3.裁剪尺寸画幅调整

可以进行图片尺寸和画幅改变调整的工具有"裁剪""旋转""透视""展开"等。

裁剪工具会在图片四周生成裁剪边框,通过滑动边框调整大小就可以对图片进行剪裁,在中心移动裁剪框可以选择裁剪位置。点击比例选项,点选具体比例可以按所示标准比例进行裁剪,其中 DIN 比例是欧标比例,比如 A4。左侧还有裁剪长宽切换按钮,点击可以在纵向和横向之间相互转换。

旋转工具最主要的作用是校正图片水平线。图片稍有歪斜,并且图中有明显横向或纵向线条参照物时,软件会进行判断并自动校正。在图片边缘滑动可以实现自由旋转图片得到所需效果。点击水平翻转标识可以对图片进行水平翻转,点击 90° 旋转标识可以使图片顺时针以 90° 为单位进行旋转。

通过后期裁剪或旋转进行重新构图可以解决前期构图不理想的问题，不过这样的方法会造成画面像素的损失。

图 3-92 裁剪工具　　　　图 3-93 旋转工具

透视工具可以调节变换画面的水平或垂直变形角度。既可以点选自动透视矫正调整，也可以使用手动透视矫正模式对图片进行校正。手动模式有"倾斜""旋转""缩放""自由"四个变换选项，并在画面上有滑动指示箭头。默认填充效果为"智能填色"，可以将矫正变换后的图片四周空白区域进行内容识别填充，不需要二次裁剪边缘而损失像素。透视工具在进行水平校正效果上要优于旋转工具。

展开工具主要用于对画面尺寸不足的部分进行放大填充，默认填充效果为"智能填色"，即自动识别扩展区域周围相似画面对扩展部分进行内容识别填充。滑动图片边框线，使边缘的尺寸增大，软件自动计算填充。建议扩展边缘范围不要过大，否则填充痕迹严重。

图 3-94 透视工具　　　　图 3-95 展开工具

4.局部效果调整

调整图片局部,可以使用"局部""画笔""修复""晕影"等工具,这些都能够对图片的特定区域进行精确选择和修改。

在局部工具中点击增加控制点标识,点击图片所需调整的区域,会出现一个带字的蓝色小圆圈标识点,在标识点附近上下滑动可以切换选择调整项目。在放置标识点时,长按调出视图放大镜,可以将标识点移动至更精确位置。左右滑动屏幕调整选项数值,可添加最多8个控制点进行调整。点击可视标识,可以隐藏控制点以便于观察图片整体调整效果。

双指张合在屏幕上滑动会出现白色细线圆圈,表示相应局部控制点调整的影响区域,显示为红色叠加层。如需改变调整所影响区域的大小,可以手动更改白色圆圈的大小。

图 3-96 局部工具选项   图 3-97 局部调整范围

画笔是调整范围自由、调整力度可控的高级编辑工具。通过滑动指尖形成画笔涂抹效果,通过放大和缩小图片的操作来更改画笔笔触的相对大小。画笔选项中有四项调整内容,"加光减光"是有选择地细微调亮或压暗图片部分区域。"曝光"是增加或降低图片中所选区域的曝光量。"色温"是有选择地使画面局部偏冷色调或暖色调。"饱和度"是提高或降低图片部分区域的色彩浓度。在每个画笔内,都可以通过参数设置更改画笔的力度,当设置参数为0时,会出现橡皮擦字样，此时画笔可以擦除之前涂抹过的区域。点击可视蒙版标识可查看相对应的画笔笔触涂抹范围。双指张合在屏幕上滑动会出现白色圆圈。放大视图，移动白矩形框内蓝色画面图像可以更精确找到需要画笔涂抹的地方。

图 3-98　画笔工具　　　　　　　图 3-99　画笔工具

修复工具用于去除画面中多余的杂物，但目前修复识别效果不太精确，痕迹比较明显。在需要修复的区域涂抹，形成红色涂抹修复范围，软件自动识别修复该区域。双指张合在屏幕上滑动可以放大视图，移动白框内画面图像，可以更精确找到需要修复的地方。

点击撤销/还原箭头标识，可撤销或重做修复效果。通过恰当合理地去除图片中不需要的内容，可以改善画面的美观度。

晕影工具主要通过添加晕影效果来强调画面中心主体。在选项中选择外部亮度或内部亮度，点按蓝色小圆圈并将其拖动到图片需要突出的区域，使用双指张合手势调整晕影范围大小。在屏幕水平滑动即可。一般以选择外部亮度向左滑动为负值压暗四周的方式比较常用，相当于暗角效果。

图 3-100　修复工具　　　　图 3-101　修复工具放大视图　　　　图 3-102　晕影工具

5.添加特殊滤镜效果

Snapseed 拥有丰富的滤镜效果，可以为图片添加不同的景深、纹理、光效等。大部分可以直接选择使用，或配合个人风格手动微调，功能实现非常方便。下面介绍两种常用的滤镜。

镜头模糊滤镜用来虚化背景、增强图片景深效果以达到突出主体的目的。界面中有线性模糊和径向模糊两种效果可以切换，中间区域为清晰保护区，两侧是模糊过渡区域，最外层是模糊区域。在模糊选项中，"模糊强度"可以通过滑动屏幕增强或减弱；"过渡"可以改变模糊过渡区域的范围，数值大一点过渡会相对自然一点；"晕影强度"可以增加模糊区域的暗角。

按住模糊中心的蓝色参考点，可以移动模糊区域的位置，双指张合在屏幕上滑动可以改变清晰保护区的大小、形状和方向。选择模糊光斑形状标识可以模拟镜头在焦外形成的光斑效果，使模糊有亮点处出现艺术形状的光斑。

图 3-103　镜头模糊滤镜模糊选项　图 3-104　镜头模糊光斑形状选择

　　HDR 景观滤镜是模拟高动态范围摄影效果、增强明暗细节的滤镜。在滤镜选项中，"滤镜强度"用来增强所选风格效果的幅度，建议数值不要太大，否则画质下降严重；"亮度"用来控制整张图片的明暗；"饱和度"用来增强或减弱图片中的色彩浓度。

　　在滤镜风格中有四种不同的效果。"自然"主要改变中间调，对面积比较大的区域影响幅度较大，整体对比度被加强。"人物"效果相对柔和一些，画面效果对比度适中。"精细"会压暗比中间调亮度低的像素的亮度，亮度高于中间调则不变。"强"效果最为明显，对比度强，过渡生硬，容易产生白边。

图 3-105　HDR 景观滤镜　图 3-106　HDR 景观滤镜风格选项

6. 添加文字、边框修饰效果

在图片上添加文字可以使用文字工具。在打开的图片上双击屏幕会弹出添加文字编辑框，点击框内输入所需文字，点击"确定"后在图片上生成文字。双指张合在屏幕上滑动可以对文字进行缩放、旋转和移动。界面下方有文字颜色调整、透明度调整、字体样式选择三种功能。字体的不透明度项目内，还可以把文字与画面进行倒置，让画面融入文字，形成镂空效果。

添加边框可以进一步修饰图片，选择喜欢的边框样式，在屏幕上横向滑动可以调整边框宽度。

图 3-107　添加文字效果

图 3-108　添加边框修饰

7. 组合画笔调整

Snapseed 具有对图片局部的处理能力，而且效果自然。调整中如果只想针对图片局部进行操作，不影响图片中的其他区域，可以使用组合画笔，即调用某一工具或滤镜之后施加效果，使指定区域产生变化。

组合画笔拓展了软件原有固定的局部调整工具的范围，使各类调整效果都可以分区域实现。以 HDR 景观滤镜为例，如果想使图片中部分画面具有 HDR 效果而非整体画面都有效果，组合画笔就可以充分发挥作用。

首先运用 HDR 景观滤镜完成调整效果，并点击"确认"，得到一张整体具有 HDR 效果的图片。然后点击界面上"调整信息查看"按钮，再点击"查看修改内容"图标，可以看到图片所有的调整步骤。点击需要进行局部更改的项目，左侧拉出更改内容，中间一个就是组合画笔工具。

使用组合画笔，调整画笔力度，在需要具有HDR效果的区域滑动涂抹，这样，被涂抹到的区域产生HDR效果，其他部分没有改变。点击"可视"图标可以看到类似于蒙版的红色涂抹区域，画笔力度越大红色越深。还可以在不同区域运用不同画笔力度，按照效果涂抹画面，这样也可以得到理想的调整效果。"反选"作用按钮相当于被涂抹区域与未被涂抹区域对调。

在实际使用中，最经常被应用的组合画笔工具有"调整图片""细节""白平衡""曲线""镜头模糊""双重曝光""黑白"等。而"剪裁""旋转""透视""展开"等工具是不可以被应用于组合画笔的。更改项展开没有组合画笔工具标识的，表示无法使用该工具。

图 3-109　查看修改内容

图 3-110　组合画笔工具

图 3-111　涂抹局部效果

第四章

无人机航拍视频及后期编辑

第一节 动态镜头的拍摄

动态镜头是指在飞行运动状态下拍摄视频画面，既要保证视频的稳定清晰，又要保证画面的优质。

一、参数设置

视频拍摄与照片拍摄一样需要设置参数，只有这样才能保证拍摄到符合要求的视频画面。

1. 视频尺寸

飞行 App 在视频拍摄状态下，点击相机拍摄参数设置，就有视频尺寸的选择栏。

目前无人机拍摄的视频尺寸分为 4K、2.7K、1080p、720p 四种。视频尺寸不同，代表像素清晰度不一样。其中 4K（4096×2160）为超清晰视频画面，优点是画面清晰、细节完美，缺点是占用较大的存储空间，后期制作对设备要求高。

图 4-1　App 视频界面相机设置栏　　　　图 4-2　视频尺寸选择

大疆"御"Mavic 2 的 4K 尺寸包含 Full FOV 模式和 HQ（High Quality）模式，分别是从 5.5K 图像传感器下采样到 4K 分辨率和中央裁切到 4K 分辨率。Full FOV 模式保留了完整的 75°视角，HQ 模式视角约为 55°，前者保留了更广的视角，但画质会有所降低，后者画质更细腻。

1080p（1920×1080）是比较标准的视频尺寸，通用性好，能满足用户的基本需要，后期视频制作也相对流畅，建议非专业视频拍摄可以选择这一挡。

2. 视频帧速率

每一种视频尺寸下面都有不同的视频帧率 fps 可以选择。视频的每一帧实际都是静止的图像，快速连续地显示帧便形成了运动的图像。高的帧率可以得到更流畅、更逼真的画面。每秒钟帧数越多，所显示的动作就会越流畅。

目前正常播放的视频帧率是 24fps，即每秒钟 24 幅画面。用高帧率拍摄运动镜头然后用正常帧率播放，可以得到画面流畅的慢动作镜头。但是高帧率对拍摄光线要求高，画面质量会降低，占用存储空间较大。

3. 视频存储格式

在相机设置界面中，目前只有 MP4 和 MOV 两种视频格式可供选择。MP4 全称 MPEG-4 Part 14，是一种使用 MPEG-4 的多媒体电脑档案格式，以储存数码音频、视频为主，容量小、通用性好。MOV 即 QuickTime 影片格式，它是苹果公司开发的一种音频、视频文件格式。

这两种格式没有太大差别，只是有些播放器只支持 MOV 格式而有些只支持 MP4 格式。MOV 格式文件后期调试有较大的余地，如果是使用苹果的视频工作站的话，用 MOV 格式可以省去一个转码的环节，会比较方便，在 Pr 这样的非线性编辑软件中两者是没有区别的。

图 4-3　视频帧率选择

图 4-4　视频存储格式选择

4. 播放制式

NTSC 和 PAL 是两种电视播放制式，高清模式下没有什么区别，我国用的是 PAL 制式。

大疆"御"Mavic 2没有区分NTSC和PAL，而是将各帧率放在一起供用户选择。用 NTSC 制式选择 30fps、60fps，流畅性好；用 PAL 制式选择 25fps、50fps，色彩更好。

5. 白平衡

视频设置界面中的白平衡与静态照片中的白平衡的含义基本一样，是通过设置使画面产生不同的色调效果。"阴天"模式可以加强画面色彩的暖色调，"晴天"模式能加强画面的蓝色，"白炽灯"模式可以修正偏黄或偏红的画面，"荧光灯"模式可以修正偏冷的画面。如果不能判断当前拍摄环境状况的色温，选择"自动"这一挡就可以了。

图 4-5　视频播放制式选择

图 4-6　视频拍摄白平衡设置

6. 风格与色彩

在风格选项中，有三个可调选项：▲锐度、◗对比度、◢饱和度。如果视频需要直接输出使用，可以在拍摄中适当调整，否则一般都用默认的"标准"，便于后期调整。

D-Log 色彩模式是一种高动态范围的视频素材记录格式。考虑到存储空间和后期制作，应使用 D-Log 模式，但其图传效果比较灰暗。如果视频画面不进行后期处理又需要比较亮丽的效果，可以选择"普通"色彩模式。如果要还原真实的场景画面，可以使用 TrueColor 模式，色彩和对比度会比普通模式柔和一些。其他色彩模式都是在原有基础上派生出来的，相当于各种滤镜模式。

不同的机型有不同的色彩模式界面，比如大疆"御"Mavic 2 会有 D-Log 和 D-Cinelike 两种色彩模式，D-Cinelike 模式对画面的暗部效果有较大提升，更适合人眼观看。

图 4-7　视频拍摄风格设置

图 4-8　视频拍摄色彩模式设置

7. 编码格式

H.264 和 H.265 是视频两种不同的编码格式，前者是通用标准，是继 MP4 之后的数字视频压缩格式。后者是新标准，优势在于压缩率高，同样的拍摄画面，H.265 格式的视频能保留更多画面细节而占有更少空间，但是普及率比较低，支持 H.265 格式视频素材的软硬件也比较少，编辑使用不方便。现在能对 H.264 格式视频素材进行采编的软件很多，而 H.265 格式视频素材则需要下载专门的编码软件才能进行后期处理。对于电脑配置不高或者不熟悉视频后期制作的影友来说，选择 H.264 编码格式要方便一些。

8. 视频拍摄曝光参数

视频拍摄曝光参数的调整，也是光圈、快门和感光度之间的匹配关系。如果光线充足，可以直接使用 AUTO 自动挡，然后通过微调 EV 值来获得所需要的曝光画面。画面曝光基本是直接反映在显示屏图传上的，可以通过观察图传画面来调整曝光参数。在拍摄夜景视频时，最好使用 M 手动挡曝光来获得所需要的画面，曝光以拍摄画面的主体为准。

要说明的是，用 M 手动挡曝光，其中快门速度不能设得太慢，不能小于帧率的倒数，如果小于帧率的倒数，视频的帧率就会受到影响，帧率变少画面会有跳顿。快门速度也不能太快，太快了会造成运动性的镜头凝固，播放起来不够流畅。一般快门速度都是设定在比帧率倒数快一到两倍的挡位上，比如 25p 帧率使用 1/50 秒或 1/100 秒的快门。

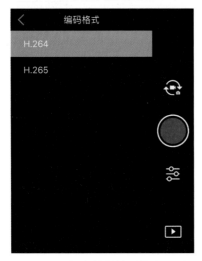

图 4-9　视频拍摄编码格式设置

图 4-10　视频拍摄曝光参数设置

二、拍摄方法

视频拍摄的操作难度比较大，需要有高超的飞行技术，只有这样拍摄的画面才能稳定流畅。

1. 直线移拍

这是一种比较简单的拍摄方式，飞行器和镜头都保持一个姿态边飞边拍，既可以平飞，也可以上下飞行。这种拍摄安全易操作，只需调整好镜头角度、推动适合方向的操纵杆即可，适合大范围整体展示。

2.旋转环拍

飞行器飞行到一定高度，镜头位于拍摄主体正上方，进行360°原地旋转拍摄，只需要左操纵杆向两边轻推即可。如果技术熟练也可以绕着主体环形拍摄，或者使用智能飞行模式兴趣点环绕飞行进行拍摄。

图 4-11　横向平飞拍摄

图 4-12　垂直飞行拍摄

图 4-13　旋转环拍

3.组合飞行

这样的操作需要在两个或两个以上的维度中进行飞行拍摄，飞行器在变化高度的同时也在水平方向上移动飞行，还可以加上飞行器的旋转，这种飞行拍摄视角具有空间感。

常用的有边升高边飞离主体，逐渐加大周围景观，或者边下降边飞近主体，突出拍摄细节。还有水平距离不变，飞行器边上升边螺旋自转，也可以获得炫酷的视觉效果。

双手对左右操纵杆默契配合使用是组合飞行顺畅的关键。

图 4-14　组合拉高飞行

图 4-15　螺旋上升飞行

4. 叠加俯仰

前面的拍摄方式都是将镜头事先对好所要拍摄主体，但在实际拍摄中，飞行距离和飞行方位的改变，往往会造成拍摄主体偏离视觉中心甚至脱离画面，这就需要在飞行当中改变云台相机俯仰角度，让镜头跟随配合拍摄，使需要拍摄的主体始终处于画面当中。

图 4-16　叠加云台俯仰拍摄

叠加云台俯仰角度相当于在三维飞行空间中加入第四维度的操作，需要对遥控器操作十分熟练。此时相机镜头是一直对着拍摄主体的，图传画面中不便于观察周围障碍物，会使飞行风险增大，拍摄前需要规划好飞行线路，避免发生事故。

三、注意事项

1. 对焦

航拍视频时，需要先对拍摄主体对焦。可以手动触点需要对焦的位置进行对焦调节，使画面清晰。在拍摄中如果需要切换拍摄主体，飞行器视角变化时不会自动跟焦，需要再次对焦。在自动对焦模式下，如果不选择对焦位置，系统就会默认以画面中心的物体为焦点对焦。

拍摄画面场景在飞行轨迹内对焦点的运动轨迹上，没有很大的起伏变化，可以选择 AF 对焦模式，被摄物的距离较远，无论光圈大小，对焦点都在远处，景深没有很大的变化。在飞行轨迹有很大变化时，被摄主体有远有近时使用 AFC 模式，可以避免景深变化导致的虚焦。

2. 曝光锁定

航拍过程中，当场景发生变化时，由于测光的原因，画面可能会出现明显的明暗变化。当曝光变化大就显得画面整体不流畅。遇到这种情况建议采用 AE 锁定曝光比较好，即可保持曝光值不变，画面亮度会随环境光源变化而变化，相机不再自动调节画面明暗度，保证整段视频不出现曝光突变、画面闪烁的情况。曝光锁定只对自动曝光模式有效，拍照和录像都是如此，如果更改 EV 曝光数值，程序将自动解锁。

3. 稳定性

飞行器稳定飞行是视频画面流畅的保证，杂乱、抖动、歪斜、突然变向等情况下拍摄的画面是没有使用价值的。操作时需要充分熟悉杆量的推送和拨轮的力度，要平滑缓慢操作，不要做高速飞行、突然制动等大幅度动作。在飞控设置的高级设置里，可以调整 EXP 值使飞行器飞行平缓、拍摄稳定，获取高质量的视频画面。

4. 风速

视频录制对环境风速要求更高，静态照片拍摄只需要一个短暂的瞬间，而视频由连续画面组成，风会造成飞行器的抖动，直接影响画面的稳定性。所以在飞行前就要关注风速情况，如果在飞行中发现空中风速过大影响拍摄稳定性，就要停止拍摄并及时返航。

5. 熟悉环境

航拍之前，需要先了解拍摄地的环境状况和天气条件，熟悉拍摄区域内的建筑物和其他障碍物的分布情况，检查有无禁飞、限飞的相关规定。找适合起飞降落的平坦地方，大致规划飞行线路。

第二节　视频拍摄技巧

大疆无人机设置了很多智能的拍摄和飞行模式，可以帮助初学者快速掌握飞行拍摄技巧，使拍摄过程省时省力，从而拍出较为理想的影像作品。

一、影像模式

在视频拍摄中，为了增强拍摄的顺畅稳定性，可以在智能飞行模式中开启"影像模式"。影像模式下会延长飞行器的刹车距离，飞行器缓慢减速直到停止以减少急停带来的抖动，使拍摄画面仍然稳定平滑。影像模式和普通模式的运动速度是完全一样的，只是起步和刹车更柔和，避免急停引起的镜头晃动。

在近景低速运动状态下拍摄视频，或定时拍摄延时视频也可以使用"三脚架模式"。在三脚架模式下，飞行器飞行速度和转动灵敏度都显著降低，可以更精准地控制画面，获得理想的拍摄效果。

图 4-17　影像模式

二、辅助飞行系统

大疆"御"Mavic 2 新增了高级辅助飞行系统（Advanced Pilot Assistance Systems，APAS），飞行器在飞行中如果遇到可能的障碍物，只需往前或者往后打杆，它会识别周围障碍物，规划绕行线路，从而轻松绕开障碍物，获得更流畅的飞行体验和流畅的拍摄画面。

在飞行 App 相机界面，在 P 模式下点击 APAS 图标为蓝色表示开启高级辅助飞行系统。打杆绕行过程中可以暂停（使用遥控器暂停键或 App 暂停键），飞行器将悬停。智能飞行功能和高级辅助飞行系统不能同时使用。

图 4-18 高级辅助飞行系统

三、智能飞行拍摄

1. 一键短片

一键短片提供"渐远""环绕""螺旋""冲天"彗星等不同拍摄方式。飞行器可自动按照所选拍摄方式飞行并持续拍特定时长，最后自动生成一个 10 秒以内的短视频，相当于自拍模式。还可以在回放中编辑，方便快速分享视频。

渐远：飞行器边后退边上升，镜头跟随目标拍摄。

环绕：飞行器以拍摄目标为中心，以特定距离环绕飞行拍摄。

螺旋：飞行器以拍摄目标为中心，螺旋上升拍摄。

冲天：飞行器飞行到目标上方后垂直上升，镜头俯视目标拍摄。

彗星：飞行器以初始地点为起点，椭圆轨迹飞行绕到目标后面，并飞回起点拍摄。使用时确保飞行器周围有足够空间（四周有 30 米半径、上方有 10 米以上空间）。

启动一键短片需要确保飞行器电池电量充足并处于 P 模式。启动飞行器，飞至地面 2 米以上，然后进入飞行 App 的相机界面，点击智能飞行图标，选择一键短片功能。

图 4-19　一键短片拍摄功能

2.兴趣点环绕

兴趣点环绕是一种很智能的环绕拍摄方式，飞行的圆形路线规整，速度均匀流畅，镜头可以始终跟随主体，解决了人工操作不熟练所带来的稳定性问题，在视频拍摄中非常实用。

（1）视觉画框选取。用户在移动设备屏幕中画框选取兴趣点，点击 GO 图标，飞行器开始测算兴趣点位置。若测算成功，飞行器则开始环绕兴趣点飞行。飞行过程中用户可以通过控制云台调整相机来进行构图，并且可以调节环绕飞行半径、高度和速度。

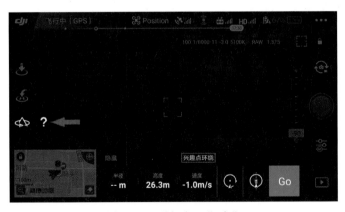

图 4-20　兴趣点环绕功能

视觉测量建议选取距离稍远的静态景物，比如大楼、山、房子等，不建议选取近处的地面、人物、移动的车辆等。框选的景物需具有一定纹理，若框选的目标为空旷的蓝天则飞行器无法测量。框选的景物不宜太小，否则无法提取足够的视觉特征进行距离测算。尽量框选景物的完整轮廓，否则当环绕到景物侧方时，景物可能不在屏幕正中。

（2）GPS坐标打点。可以使用GPS坐标打点的环绕方式，先将飞行器飞至兴趣点上方，然后按下遥控器C1键确定环绕中心，以飞行器当前位置为兴趣点，随后横向飞离兴趣点5米以上至需要环绕的半径上。在飞行App内可以设置速度、环绕方向。点击"开始"后，飞行器即环绕兴趣点飞行。飞行过程中用户可以通过控制云台调整相机来进行构图，并且可以调节环绕飞行半径、高度和速度。点击环绕图标右侧"?"标识，可以获得操作教程。

可以在飞行App点击红"×"暂停或恢复兴趣点环绕，也可以短按急停按键暂停或恢复兴趣点环绕。飞行参数设置不能半径太大，或者飞行速度过慢，一定要使整圈飞行时间少于剩余电量所能支持返航的最短时间，不要造成还没有环绕拍摄完毕就电量不够的风险。

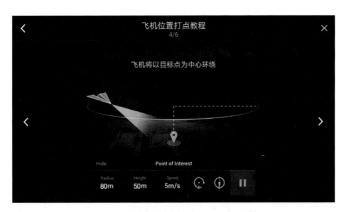

图4-21 GPS坐标打点设置步骤教程

3.移动延时

延时摄影是一种将时间压缩的拍摄技术，把数分钟甚至更长时间的内容压缩在一个较短的时间内以视频的方式播放。航拍器的延时功能包含了"自由延时""环绕延时""定向延时""轨迹延时"四个子模式。目前仅大疆"御"Mavic 2和Mavic Air 2机型支持移动延时摄影拍摄。

（1）自由延时。通过设置参数，飞行器将在设定时间内自动拍摄一定数量的照片，并生成延时视频。未起飞状态下可在地面进行拍摄。起飞状态下可以点击拍摄按键进行悬停拍摄或定速巡航拍摄。设置拍摄参数，包括拍摄间隔、合成视频时长，屏幕会显示拍摄张数和拍摄时间。

（2）环绕延时。先框选兴趣点，飞行器将在环绕兴趣点飞行的过程中拍摄延时影像。拍摄前可设置拍摄参数、框选目标、选择顺时针飞行和逆时针飞行。拍摄过程中若打杆则自动退出任务。

（3）定向延时。选取兴趣点及航向，飞行器将在定向飞行的过程中拍摄延时影像。拍摄过程中若打杆则自动退出任务。定向模式下也可以不选择兴趣点，只定向飞行，在只定向的情况下可打杆控制机头方向和云台。

（4）轨迹延时。轨迹延时除了需要设置拍摄参数，还需要选定 2~5 个关键点位置和镜头朝向。飞行器将按照关键点信息生成轨迹拍摄延时影像，拍摄前可选择关键点的正序和倒序飞行。拍摄过程中若打杆则自动退出任务。拍摄完成后飞行器将自动合成视频，可在回放中查看。自动合成的视频分辨率为 1080p、25fps，便于浏览及分享，可在相机设置中选择是否保存原片以及原片的保存位置。当拍照张数超过 25 张、生成视频可以大于 1 秒时，系统默认为合成视频。

所有的延时摄影都建议飞行在 50 米或以上的高度拍摄以获得更好的效果，并且推荐设置拍摄间隔时间至少在 2 秒以上。

图 4-22 移动延时摄影功能

4. 智能跟随

这种模式可以让飞行器自动选择目标，并始终跟进目标，无需人工操作规划线路，极大简化了拍摄程序。通过点击飞行App中的相机界面的实景图选定目标，飞行器通过云台相机跟踪目标，与目标保持一定距离跟随飞行。

飞行器需电量充足并处于P模式。启动飞行器，飞至地面2米以上，在飞行App相机界面，选择智能跟随。点击屏幕上需要跟随的目标，飞行器与目标保持一定距离或角度并跟随飞行，飞行中可以调节跟随速度。用于拍摄行进中的人员、车辆非常方便。

图4-23 智能跟随飞行功能

（1）普通跟随模式。飞行器保持与跟随目标的相对距离，寻找最短的路径跟随目标。跟随过程中可以通过操纵杆改变跟随距离和实现环绕目标。通过拖动目标下方的滑块可实现自动环绕目标。此时操纵杆不能控制飞行器方向，云台控制拨轮不再控制云台角度，而是对画面进行动态构图控制。

（2）锁定跟随模式。飞行器以当前与目标的夹角为航向角进行跟随，相当于镜头只是在旋转保持锁定目标，但不主动跟随目标移动，需要通过操纵杆来控制飞行。

（3）平行跟随模式。飞行器始终保持对跟随目标的拍摄和跟随角度，实现正面或侧面跟随飞行拍摄，目标移动飞行器同时平行移动，目标暂停飞行器也停止移动。可以通过操纵杆调整距离和高度。

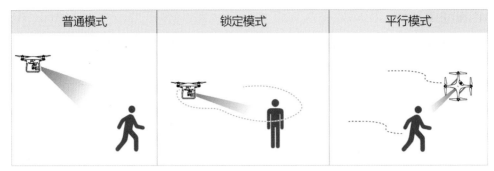

图 4-24 跟随模式飞行示意

第三节　航拍视频移动端编辑

一、在飞行 App 中编辑

1.回放界面编辑

在飞行 App 缓存回放界面，可以任选一段拍摄视频进行自动编辑保存在移动设备中，然后可以分享至社交软件。在缓存界面编辑需要遥控器和飞行器都处于通电连接状态。

图 4-25　飞行 App 编辑分享

2.飞行 App 视频编辑器

把回放界面的视频或照片下载到移动设备的相册中，利用飞行 App 中的视频编辑器编辑创作视频更为方便。可以多段视频自由或自动编辑，还可以插入静态图片。不仅可以调整亮度、对比度、饱和度，还可以添加音乐、转场、滤镜等效果。

图 4-26　视频编辑器　　　　　图 4-27　视频创作

二、视频直播

在飞行器拍摄中还可以进行视频直播。在飞行 App 界面的通用设置里，可以选择直播平台，需要有账号密码，登录连接后就可以在平台上自动生成视频，看到飞行器的实时航拍画面。腾讯 QQ 是在主播个人空间发表的说说上，微博上是直接生成一条直播的微博。直播需要图传信号稳定，并且移动设备连接网络或开启 4G 或 5G 流量，每分钟流量约 15MB。直播画面有几秒钟的滞后是正常的。

图 4-28　直播平台选择　　　　　图 4-29　平台登录

图 4-30   开始直播

三、手机视频编辑 App

无人机航拍的视频文件可以下载到手机中，通过手机视频编辑 App 作相应编辑处理。比如调整画面质量、截取精彩段落、添加喜欢的音乐、改变播放速度等，使制作后的视频画面更具有观赏性和吸引力。

| VUE | WIDE | 微视 | 剪映 | 快剪辑 |

图 4-31   手机视频编辑 App

VUE App 具有短视频拍摄和剪辑应用功能，拥有丰富的滤镜，可以让视频效果更好。其具有动态调整技术，可以同时进行多段视频素材剪辑，界面简洁且功能到位。下面介绍 VUE App 处理视频画面的操作方法。

1. 导入素材

下载好 VUE App，点击进入，可以看到这是一款 Vlog 短视频制作软件，主要用来制作分享所拍视频。点击首页界面上方的"学院"，可以学习各种拍摄剪辑制作短视频的方法。

点击界面下方中间的红色"开始编辑"按钮，进入视频编辑界面。点击"创作"或下面的子栏目可以从手机相册中选取需要编辑制作的多个素材，既可以是视频也可以是照片。如果在选取素材时有遗漏，可以在编辑过程中继续插入素材。如果一次编辑没有完成，可以保存到草稿箱，下次直接点击草稿箱调取继续编辑制作。

在界面右上角"设置"中，选择打开"水印"项目，关闭"添加水印"开关。这样，制作完成后导出的视频就不会出现 VUE 的标识了。

图 4-32　VUE App 界面

图 4-33　软件创作开始界面

图 4-34　软件水印设置

2. 制作设置

点击"画幅"设置最终视频的尺寸，软件默认为16:9，可以根据需要点选设置。根据视频横向还是纵向选择"边缘对齐"或"撑满画面"使画面完整。素材画面与制作尺寸不匹配时，可以选择"背景"中的色块填充背景色。

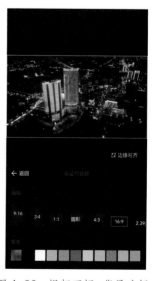

图 4-35　视频画幅设置　　　　图 4-36　视频画幅、背景选择

点击任意一段素材前后的加号，可以插入视频或照片素材、添加转场效果和片尾效果。右上角有 PRO 标识的为注册或付费版效果，没注册或没付费的情况下只能看不能导出。

图 4-37　视频素材添加

图 4-38　视频转场选择

3. 分段编辑

在视频编辑界面下方点击"分段"，即可对素材进行逐段编辑制作。点选哪一段素材，就是针对该段素材进行操作，不涉及其他段素材。分段编辑分四组十四项。

第一组中"静音"表示关闭或打开同步背景声音，标识变成红色表示执行了该项操作。静音状态下导出视频相当于删除了素材原背景声音。

"截取"是对当前素材中需要的部分进行选取，重新编辑视频长度。手动拖拽黄色框两端，框内为被选取的部分，并显示时长。也可以点击"快速选取"按钮选取固定时长，这时界面主屏将循环播放被截取的素材段。点击左侧中间项目栏，有"镜头速度"和"美肤"两个可调项。右侧太阳标识可以上下滑动调整素材亮度。编辑完成可以点击右上角"√"，放弃操作可以点击左上角"×"并返回分段编辑页面。如果需要进入相邻素材进行截取操作，可以直接点击左右下角的"上一段"或"下一段"。截取操作并没有把未截取部分删除，可以根据需要重新调整截取范围。

　　"镜头速度"中提供了改变视频播放速度的选项，快慢各三挡，直接点选使用就可以看到效果。

　　"删除"就是将该段素材从序列中删掉，如果是误操作，可以在分段编辑页面中点击"撤销删除"恢复。

图 4-39　分段编辑第一组　　图 4-40　截取界面　　图 4-41　镜头速度

　　第二组中"滤镜"提供了几十种滤镜可选择，点选后可以看到滤镜名称和效果。滤镜效果是应用到该段素材全部，而非截取的部分。通过透明度的调整可以调节滤镜作用力度。有 PRO 标识的为付费版滤镜。

　　"画面调节"中有六个调节项，从左到右分别是"亮度""饱和度""对比度""色温""暗角"和"锐度"。上下滑动对应的小圆点即可调节参数，已调节项呈现红色标记。

　　"美肤"中有两挡可调，主要用来提亮、修饰素材中的人物肤色。

图 4-42　分段编辑第二、三组

图 4-43　滤镜选取　　　　　　　图 4-44　画面调节

　　第三组中"旋转裁剪"可以改变素材在画幅中的大小和位置。双指开合在屏幕上滑动可以缩放、移动图案，画幅框外的部分相当于被裁剪掉了，这个编辑操作是可逆的。也可以点选下方的选项达到需要的效果。

　　"变焦"设置是使画面进一步产生移动的感觉，常用的有"拉远"和"推近"，在静态图片素材上运用得比较多。

　　"倒放"就是将视频素材按时间线倒过来播放，软件自动计算生成效果。

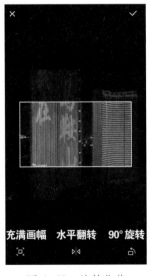

图 4-45　旋转裁剪　　　　　　　图 4-46　变焦设置

　　第四组中"复制"是将当前素材复制一份，并直接添加到被复制素材后面，成为新的素材段。新素材段会保留被复制素材前面的编辑操作,也可以重新编辑。

"替换"是用相册中的新素材替代当前素材,当前素材被删除。

"分割"是将一段视频素材按需要分为几段。滑动素材将需要剪断的地方对准中线处,点击"分割"红色按钮,素材即被分成两段。再次滑动素材可以重复剪断操作,也可以点击"撤销一步"返回,全部分割完成后点击"确认"。

"原声增强"可以将素材原有的声音提高。建议将声音的编辑操作放在音乐选项中。

图 4-47 分段编辑第四组

图 4-48 视频分割

4. 素材剪辑

在视频编辑界面下方点击"剪辑",可以对全部素材进行编辑制作。其界面上的"截取""镜头速度""分割""复制""删除"的用法与分段编辑制作是一样的。点击素材之间的加号可以插入新的素材或转场效果。

剪辑中最重要的功能是排序,点击"排序"按钮,在界面中软件将所有的素材片段都显示在一起,按住任意一段素材进行拖拽,都可以移动到需要的位置上,实现素材之间自由排序组合。

图 4-49 素材剪辑

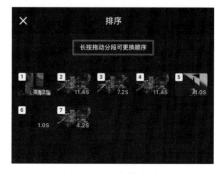

图 4-50 自由排序

5. 添加音乐

在视频编辑界面右下角点击"音乐"，出现添加音乐和添加录音两个音轨。点击"添加音乐"，弹出添加音乐对话框，可以选择 App 提供的音乐，带有 PRO 标识的为付费项目，只能试听，不能导出。还可以从第三方平台导入音乐，可以参阅"如何导入"。点击"添加录音"，可以使用手机自带的麦克风进行录音。

滑动视频素材，以中间垂直红线为添加音乐的起始点。添加好音乐后可以进行编辑，长按音乐所在音轨可以使音乐在时间线上前后移动。单击视频素材或添加的音乐，可以调整音量大小。如果原素材背景声音没有关闭，添加音乐后两种声音将同时存在。

图 4-51　添加音乐

图 4-52　音乐导入

图 4-53　声音强弱调整

图 4-54　音乐编辑

6. 添加文字、贴纸

点击视频编辑界面下方 "文字"，可以给每一段素材添加不同的文字。建议完成分段剪辑后再添加文字,以免进行分割、转场等操作时改变文字的位置。

常用添加的文字是"大字"和"字幕"。点击相应文字功能,会在素材上出现文字输入框,编辑输入文字,选择字体、字号和文字样式,移动到所需的位置上。"大字"只能在当前素材上显示,而"字幕"可以应用到整个时间线上显示。任何视频编辑状态下,双击文字都可以激活文字重新进行编辑。

"贴纸"功能是通过添加文字或 Logo,来增强视频艺术感。点击相应的贴纸栏,可以显示出多个相关的文字或贴纸样式,点选即可显示效果。贴纸效果默认在视频开头显示 3 秒钟,随后渐隐消失。如果需要在片尾显示,或在整个时间线上显示,则需在页面"编辑"里进行设置。点击贴纸栏最左侧"+"标识,软件还提供了下载贴图来丰富贴纸数量。

图 4-55 添加文字　图 4-56 文字输入样式选择　图 4-57 贴纸功能　图 4-58 下载贴图

7.视频导出与分享

素材编辑完成制作后,可以点击"播放全片"进行预览,调整好最终效果后可以输出成品视频。输出的视频可以进行保存,或分享到其他社交媒体平台上。

在视频编辑页面点击右上角"下一步"进入视频保存页面,如果想发布在 VUE 平台上可以点击"保存并发布",如果仅保存到手机相册里,点击边上的三个小圆点即可,保存完成后既可以在相册中查看,也可以直接进行其他社交平台分享。

图 4-59　视频导出

图 4-60　视频分享

图 4-61　成品视频效果

第四节　Adobe Premiere Pro 专业软件编辑视频素材

在电脑上可以使用视频处理专业软件去编辑所拍摄的视频素材。这些软件功能强大、效果多样，可以制作出专业电影级视频画面。目前有爱剪辑、绘声绘影、Adobe Premiere Pro（简称Pr）等适合不同需求的编辑软件，考虑到软件的专业性和兼容性，这里以 Pr 软件进行讲解。

Pr 软件是目前最流行的非线性编辑软件，是数码视频编辑的强大工具，无论是电影电视还是日常记录都可轻松编辑，支持绝大多数视频设备和视频格式。

图 4-62　Adobe Premiere Pro 软件

一、界面介绍

打开 Pr 软件，进入新建项目界面。如果是对新项目第一次进行编辑，直接选择"新建项目"。如果需要打开之前已保存过的项目，选择"打开项目"即可，也可以在最近使用项内找到需要继续编辑的项目。

图 4-63　Pr 软件开始页面

点选"新建项目"之后，进入新建项目页面，可以设置项目名称、存储位置、渲染程序等内容。在"暂存盘"选项内，默认设置与项目相同位置就可以了。设定完成后点击"确定"就可以进入 Pr 工作界面了。

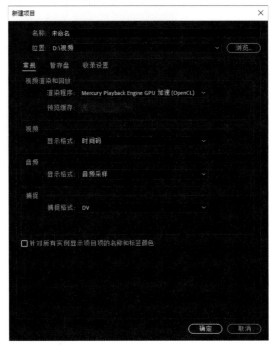

图 4-64 新建项目页面

在工作界面最上方菜单栏里依次点击"文件""新建""序列"，或者使用快捷键"Ctrl+N"进入新建序列界面。

如果熟悉项目面板的使用，可以直接在素材项目面板中点击右下角的"新建项"。

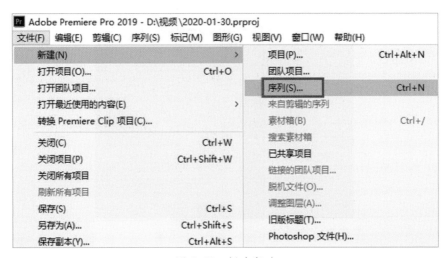

图 4-65 新建序列

新建序列相当于事先设置一个模板框，所有需要编辑的素材都按这个模板的样式套用，从而达到不同样式的素材统一制作的目的。

序列可以选择 Pr 软件预设的参数和模式，比如在选项栏内使用 HDV 720p 的普通标清制式。如果列表中没有符合制作要求的格式，可以选择"自定义"，然后对尺寸、帧率等参数按需求进行设置。

序列中的格式既可以根据原有素材的格式进行选择，也可以根据视频用途、电脑配置、播放平台等因素进行设定。一般来说，常用的尺寸有 720p（1280×720）或 1080p（1920×1080），能基本满足各种播放需求。

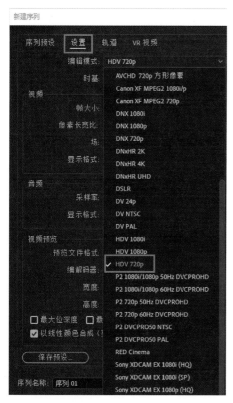

图 4-66　序列选择设置

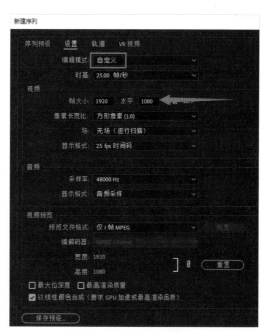

图 4-67　自定义序列设置

二、素材导入

1. 素材库面板

素材导入是剪辑工作的第一步。其中素材库面板主要用于导入、存放、管理

所用素材，既可以载入视频、
音频、图片、字幕等所有需要
的素材，也可以根据需要创建
素材箱，将不同的素材分类管
理，方便查看使用。

在素材库面板区域双击鼠
标，或者点击鼠标右键，就可
以显示素材文件夹，选择需要
导入的素材，也可以直接拖动
素材到素材库面板中。

图 4-68　素材库面板

2. 时间轴面板

在时间轴面板中，从左到右显示的是视频、音频的播放顺序，是航拍视频、
图片、音效等素材编辑、合成等效果制作的窗口。

窗口用中间双线分为上下两种素材轨道，上面为视频、图片编辑轨道，下面
为音频编辑轨道，每种轨道的数量可以根据需要自行增减。轨道上可以对素材
进行添加、删除、移动、隐藏等操作。

每一个轨道左侧都有很多操作标识，将鼠标移动到相应标识上，即可显示该
操作所起的作用。

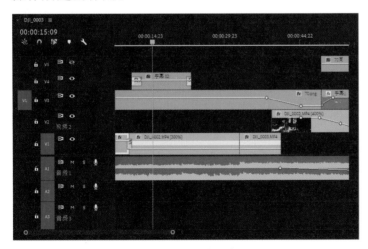

图 4-69　时间轴面板

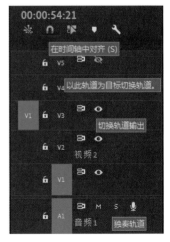

图 4-70　操作标识

3.监视器窗口

界面监视器窗口有两个面板，左侧的是素材源窗口，用于预览和裁剪项目窗口中所选中的原始素材。右侧是节目监视器窗口，用于预览时间轴窗口已经编辑的音频、视频素材，是最终编辑效果的预览窗口。

Pr软件操作界面中各项窗口面板都是可以调整大小和位置的，可以根据自己的操作习惯重新布局，只需把鼠标放在相应窗口进行拖动即可。如果在操作中错移了窗口，可以在上方菜单栏里依次点击"窗口""工作区""重置为保存的布局"进行恢复。

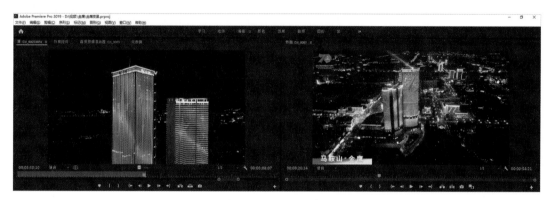

图 4-71　监视器窗口

三、素材剪辑

所有的音频、视频素材都需要剪辑。双击需要查看的素材，该素材即显示在素材源监视器窗口，在素材源监视器窗口中对导入素材进行初步筛选。通过正常播放该素材找出需要进行编辑的段落，可以通过监视器时间轴上的"入点"和"出点"框定所选内容，被选区框定的内容显示为高亮，按住视频或音频拖动按钮，就可以将所选内容拖至时间轴面板中。反复选择不同的素材，可以大致将初选的部分拖到相应的轨道中。

图 4-72　素材源监视器窗口

四、素材调整

1. 工具调整

当初选素材在轨道中的长短位置需要调整时，可以利用工具栏相应工具组中的工具进行精确修改调整。右下角有三角的是包含多个工具的工具组，用鼠标长按即可显示。

波纹编辑工具：鼠标滑动至单个视频的两端，调整选中视频长度，前方或者后方的文件在编辑后会自动吸附。

外滑工具：对已经调整过长度的视频，在不改变视频总长度的情况下，可以变换视频内之间相对长度，选中文件按住鼠标左键不放，进行前后拖拽即可。

剃刀工具：可以把一个视频或音频分成很多段。在视频文件上，单击一下鼠标左键即可。

图 4-73　工具栏

2. 画面设置

拍摄时因各种原因导致画面构图不太符合要求，需要在编辑制作时进行加工裁剪。在时间轴中用选择工具点选需要调整的素材片段，点击素材监视器窗口中的"效果控件"，运用关键帧对视频的位置和缩放进行调整。

点选时间轴上素材后，也可以在素材监视器窗口双击画面，调出调整框，直接对画面进行缩放、移动或旋转等操作。

图 4-74 画面设置效果控件

3. 播放速度

实际视频播放中，有时要将几分钟的画面在几秒钟内播完，这就需要类似于快进的镜头。用鼠标右键在时间轴上点选需要加速快进的素材片段，在出现的菜单栏里选择"速度/持续时间"，在对话框中输入要提高的倍数，同时可以看到快进后所需要的时间。

如果不是整段素材快进，而是需要加速、减速不断变化产生节奏，就要使用时间重映射功能。

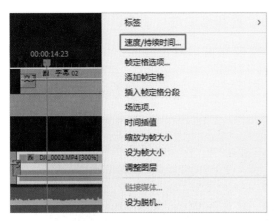

图 4-75　播放速度命令

图 4-76　播放速度更改

五、Lumetri 调色

这是一种针对视频较为全面专业的调色软件。点击界面上方"颜色"加载项，可以在右侧显示 fx 的控件效果调整栏。还可以在素材项目栏找到 Lumetri 的预设效果，直接添加自己喜欢的效果。

图 4-77　Lumetri 调色界面

1. 基本校正栏

主要用来调整画面的色温、色调和曝光参数，调整的效果可以在素材监视器窗口观看。在不熟练的情况下可以直接点选"自动"，然后再细调，如果需要撤销点击"重置"。点击右上角的"√"可以切换调整前后视图效果。

2. 创意调整栏

在 Look 选项中有很多创意效果可供选择，也可以自行调整锐化和饱和度。阴影色彩和高光色彩类似于 PS 中的色调分离。如果需要恢复，双击滑杆上的小圆圈即可。

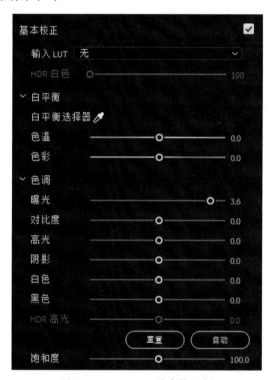

图 4-78 Lumetri 基本校正栏

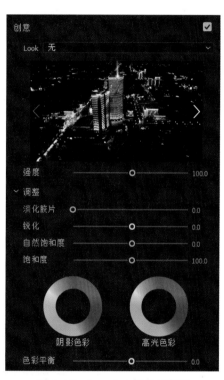

图 4-79 Lumetri 创意调整栏

3. 曲线调整栏

曲线调整可以针对明暗，或者针对三原色进行分别调整。

在色相饱和度曲线上，可以利用吸管找到需要调整色相或饱和度的地方，颜色曲线上会出现颜色范围的标识点，上下移动标识点，就相当于增减这个区域范围内的饱和度。色相曲线和亮度曲线的操作方法基本相同。

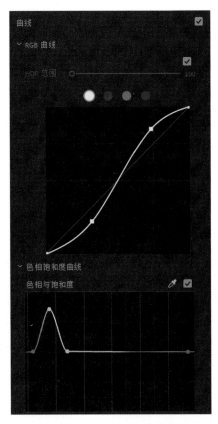

图 4-80　Lumetri 曲线调整栏

4. 色轮与匹配

这是新版本中添加的功能，主要用来将已知视频效果匹配到当前画面上，以快速获得良好效果。也可以将编辑好的画面进行统一色调操作。色轮是手动进行高光、阴影、中间调颜色匹配调整。

图 4-81　Lumetri 色轮与匹配

5.HSL 辅助调整

如果对视频画面中某种颜色不满意，就可以使用HSL工具单独对其进行色相、饱和度、明度的调整。吸管可以大致指定颜色范围，通过色环来调整相应色彩的 HSL 效果。

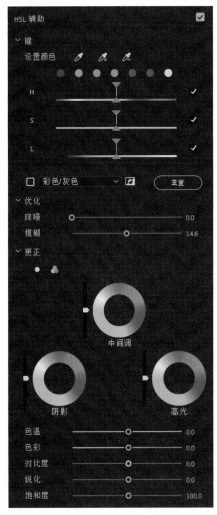

图 4-82　HSL 辅助调整

六、转场效果

同一轨道相邻两个素材之间的切换过渡称为转场，如划像、溶解、卷页等。通过转场可以实现场景或情节之间的有机过渡，或获得丰富画面。

在项目窗口打开"效果"选项，点选"视频过渡"展开子文件夹，点选子文件夹中相应的转场效果,可以进一步展开具体效果选项。用鼠标左键按住需要的效果,拖动至时间轴窗口中需要添加转场效果的两个相邻素材之间然后释放,就可以看到转场效果被叠加使用。还可以根据需要对转场效果各项参数作调整,在转场过渡区域内拖动编辑线可以观察预期效果。

七、添加音乐

音乐是使作品完整、给作品增色的必不可少的制作元素。可以将音频与视频同时拖入时间轴,也可以根据需要单独拖入音频或视频画面。无人机航拍视频素材一般是不包含音频信号的,需要在音频轨道加入另外选取的音乐素材。音乐素材可以在音乐网站上搜索下载。

音乐的节奏与视频画面有着非常重要的联系,配合得好可强化画面效果、抒发感情、增强视频的故事性,将平淡的画面剪辑成为生动的视频作品。

音频播放时,在右侧可以看到音频动态,分为左右声道,建议最高值不要超过 -6dB。

图 4-83 视频转场过渡设置　　　　图 4-84 音频动态栏

八、字幕效果

在视频作品中可添加字幕，如片名、旁白、歌词、演职员表等。

1. 创建标题

如果是简单加文字，可以直接从工具栏选取文字工具，在视频节目监视器窗口的任意位置创建字幕框输入文字，软件会自动在时间轴新的轨道上生成一个显示时长为5秒钟的图片，可以在效果控件中像编辑视频素材一样编辑文字的各项参数。

2. 新建字幕

在Pr软件中有单独的字幕设计编辑窗口。依次点击"文件""新建""旧版标题"，会弹出新建字幕的窗口，并在素材项目窗口创建一个新的字幕素材栏。通过新建字幕不仅可以添加文字，还可以添加图片以及其他更为丰富的变化形式。需要使用时将做好的字幕素材拖拽到时间轴轨道即可，双击素材可以重新编辑字幕。

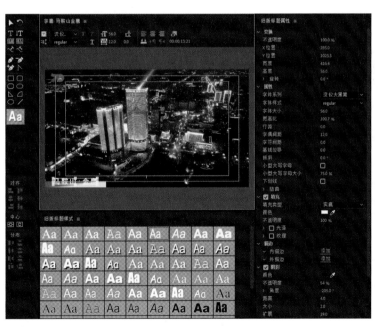

图 4-85　新建字幕设置栏

九、渲染与输出

完成一段视频内容的编辑后，可以将其输出。选择时间轴窗口，依次点击"文件""导出""媒体"或使用快捷键 Ctrl+M，会弹出"导出设置"对话框。在对话框中可以对视频的格式、预设、名称、存储位置等进行设置，完成后点击"导出"，显示导出进度和时间。软件会把所做的一系列效果编辑完成，渲染整合成一段影片。

图 4-86　视频导出设置栏

第五章

无人机飞行安全及相关规定

第一节 禁飞与限飞

一、禁飞区

禁飞区即禁止无人机飞行的区域。无人机不得在禁飞区起飞，也不得由其他区域飞入禁飞区，最主要的禁飞区就是机场。大疆在飞行 App 内设置了地理围栏，当飞行器进入禁飞区时飞行 App 页面会自动报警，并且无法启动升空。

图 5-2 中粉红色糖果形区域为机场禁飞区，可以通过飞行 App 看到机场地理围栏的位置与形状。

图 5-1 禁飞区内飞行 App 报警提示

图 5-2 糖果形机场禁飞区

如果需要查询某区域是否为禁飞区，可以在飞行 App 中找到"禁飞区"选项，在界面搜索栏中输入相应地点即可查询。

可以通过大疆官方网站进行禁飞区与临时禁飞信息查询。

限飞区查询：https://www.dji.com/cn/flysafe/geo-map

各地机场限飞查询：https://www.dji.com/cn/flysafe/introduction

其他禁飞区还包括政府机构上空、军事单位上空、带有战略地位的设施、战略防卫的重点单位、大型水库、发电站、水电站、危险物品工厂、炼油厂等。

政府组织的大型群众性活动，比如运动会、露天联欢晚会、演唱会等，重要会议、灾难营救现场等区域，会设置临时禁飞区，在活动准备和进行阶段禁止飞行。警方会进行治安监控、无线信号检测，以维护公共安全。

飞行前请查阅相关法律法规及信息，确保飞行区域不属于禁飞区。

图 5-3　飞行 App 禁飞区查询

图 5-4　飞行安全指引地图

二、限飞区

限飞区对无人机的飞行高度、速度有一定的限制，在该区域内飞行的无人机必须遵守相应的限制规定。

机场粉红色糖果形禁飞区周围灰色长方形区域属于限飞区。该区域虽然可以进行飞行，但高度会被飞行 App 限制在 120 米以内。当从非限飞区进入限飞区，飞行 App 会提示警告，必须返回非限飞区，如果强行飞入，飞行器会自动悬停并进入倒计时，倒计时结束后飞行器自动下降到限定高度。

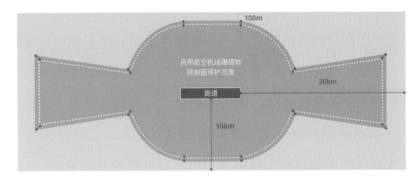

图 5-5　灰色矩形限飞区

第二节　无人机注册

根据中国民用航空局规定和《民用无人驾驶航空器实名制登记管理规定》的相关要求，自 2017 年 6 月 1 日起，对最大起飞重量 250 克以上的无人机实施实名制登记注册。

图 5-6　无人机实名登记页面

一、注册流程

（1）登录无人机实名登记系统，登记系统入口网址为 http://uas.caac.gov.cn/，并注册账户。

（2）在无人机实名登记系统中填报相应信息。个人用户需要填写以下信息：拥有者姓名、有效证件号码（如身份证号、护照号等）、移动电话和电子邮箱、产品型号、14 位飞行器序列号（S/N 码）、使用目的。

（3）注册完毕后点击"生成"，系统会自动将生成的二维码和编号以 PDF 文件格式发送到注册时填写的邮箱中，该标识图片包含每台无人机唯一的登记号和二维码。

（4）下载邮箱中的登记标识，并将其打印，打印标识面积应不小于 2 厘米×2 厘米。

（5）将登记标识的图片采用耐久性方法粘在无人机不易损伤的地方。

大疆精灵 4 Pro 的机身序列号 S/N 码位于机身电池仓内。

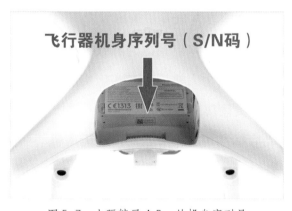

图 5-7 大疆精灵 4 Pro 的机身序列号

大疆"御"Mavic 2 系列的机身序列号 S/N 码位于机身电池仓内，云台序列号位于云台轴上。

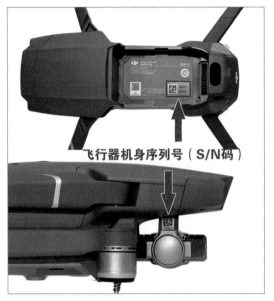

图 5-8　大疆"御"Mavic 2 机身序列号

图 5-9　无人机登记二维码和编号

二、管理条例

1.《民用无人驾驶航空器实名制登记管理规定》

中国民用航空局航空器适航审定司，为加强民用无人驾驶航空器（以下简称民用无人机）的管理，对民用无人机拥有者实施实名制登记而制定的管理规定。

2.《民用无人机驾驶员管理规定》

中国民用航空局飞行标准司，为加强对民用无人机驾驶员的规范管理，促进民用无人机产业的健康发展，针对目前出现的无人机系统的驾驶员实施指导性管理，按照国际民航组织的标准建立我国完善的民用无人机驾驶员监管体系。

3.《民用无人驾驶航空器系统空中交通管理办法》

中国民用航空局空管行业管理办公室，为加强民用无人驾驶航空器飞行活动管理，规范其空中交通管理工作，依法对在航路航线、进近（终端）和机场管理地带等民用航空使用空域范围内或者对以上空域内运行存在影响的民用无人驾驶航空器系统活动的空中交通进行管理，指导监督全国民用无人驾驶航空器系统空中交通管理。

4.《轻小无人机运行规定（试行）》

中国民用航空局飞行标准司，规范民用无人机的运行，特别是低空、慢速、微轻小型无人机的责任权限、操作资格、安全飞行等。

第三节　无人机操作证书

国家空管委已明确提出小型、中型、大型无人机必须持证照飞行。如果使用无人机进行植保、航测、电力巡检、物流运输必须持小型无人机以上执照。小型无人机以上执照由国务院民航部门负责下发。

在视距内飞行的微型无人机（重量小于等于 7 公斤），飞行范围在目视视距内半径 500 米、相对高度低于 120 米范围内，无须证照管理。个人消费者的微型、轻型无人机不需要持证照飞行，大疆所有民用消费级的航拍无人机都属于微型、轻型。

如果正常飞行受限，或活动拍摄主办方要求出示相关飞行操作的资质，可以考虑到以下机构取得相应操作合格证书。

一、中国航空运动协会（ASFC）

中国航空运动协会是具有独立法人资格的全国性群众体育组织，是国家体委下属的协会，负责管理全国航空体育运动项目，主要针对的人群是航模爱好者，不用于商业活动。

如果以学习基本安全知识和飞行技巧为出发点，可以参加 ASFC 举办的航空运动

图 5-10　中国航空运动协会标志

飞行驾驶员执照的学习和报考。

二、慧飞无人机应用技术培训中心（UTC）

慧飞无人机应用技术培训中心是大疆于 2016 年成立的，提供飞手入门、行业进阶和设备维护等全方位培训，为通过考核的学员颁发认证证书。现阶段通过认证考试后获得的证书有专业航拍、农业植保、电力巡检、土地测绘、公安消防等。

图 5-11　慧飞无人机应用技术培训中心 Logo

三、中国航空器拥有者及驾驶员协会（中国 AOPA）

中国航空器拥有者及驾驶员协会是经国务院批准、中国民用航空局主管的全国性的行业协会。中国民用航空局将在视距内运行、空机重量大于 7 千克及隔离空域超视距运行的无人机驾驶员的资质管理授权给中国 AOPA，其培训与颁发的合格证书相对权威。商业作业和专业飞行者可以选择中国 AOPA，有针对性地学习系统航空知识及行业应用技术。

图 5-12　中国航空器拥有者及驾驶员协会 Logo